U0333611

形状记忆合金结构加固技术研究与应用

邓 军 吴志刚 李俊辉 等 著

科学出版社

北京

内 容 简 介

本书总结了作者团队对形状记忆合金（SMA）在土木工程加固领域中的大量试验和机理研究成果，明晰了 SMA 的力学性能、形状记忆效应及其预应力损失与疲劳性能，深入阐述了 SMA 加固结构的界面力学行为、加固构件的疲劳性能及协同工作机制，通过试验和理论解析厘清了 SMA 加固技术的工程技术应用思路。

本书适合高校及科研院所从事土木工程加固研究的科研工作者，以及行业工程师阅读参考。

图书在版编目（CIP）数据

形状记忆合金结构加固技术研究与应用 / 邓军等著. -- 北京：科学出版社, 2024. 11. -- ISBN 978-7-03-079685-1

Ⅰ. TU746.3

中国国家版本馆 CIP 数据核字第 20244J5B16 号

责任编辑：郭勇斌　邓新平　张　嵩 / 责任校对：高辰雷
责任印制：徐晓晨 / 封面设计：义和文创

科 学 出 版 社 出版
北京东黄城根北街 16 号
邮政编码：100717
http://www.sciencep.com
北京建宏印刷有限公司印刷
科学出版社发行　各地新华书店经销
*
2024 年 11 月第 一 版　开本：720 × 1000　1/16
2024 年 11 月第一次印刷　印张：14 1/2　插页：3
字数：292 000
定价：128.00 元
（如有印装质量问题，我社负责调换）

前　言

复杂服役环境下工程结构性能易受损并形成病害，其健康状况与长寿命运行的重要性日渐突出。随着我国土木工程基础设施保有量的迅速增长，结构加固和修复工程已经成为了一项必要、经常性的工作，每年需投入大量经费，而由此造成的运营中断带来较大的间接经济损失。因此，研制工程结构加固的新材料和新技术，实现结构性能有效、快速、智能的修复与提升，是我国交通和建筑工程领域的重大需求。

形状记忆合金（SMA）是一种新型智能材料，被广泛应用于航空航天、电子、医疗、汽车等领域，近年来在土木工程中的研究与应用也逐年上升，主要集中在阻尼器、桥梁支座和加固材料。由于该材料独特的形状记忆效应，复合（嵌入或粘贴）在构件上后，加热激活相变（马氏体→奥氏体）恢复形状即可产生预应力，避免了传统预应力技术需要张拉装置、锚具等问题，特别适合加固施工作业空间和作业面小的工程结构。

由于这一领域处于多学科交叉的研究前沿，传统方法难以合理解释很多内在机理。要发挥 SMA 的智能功能，需要突破材料和应用的瓶颈问题，从宏观和微观的角度探究材料的原理，并建立适应工程应用的理论和模型。首先，SMA 材料土木工程应用时，其疲劳耐久性、环境适应性、经济实用性之间存在显著的兼容挑战，目前常用的镍钛基、铜基、铁基等 SMA 材料总存在或多或少的缺陷。这需要针对加固工程的工作条件和场景开展研究，探索材料的力学行为、耐久特性、性能演化等，并基于此提出土木工程修复用 SMA 的表征参数和研制技术。其次，SMA 与既有结构形成加固体系后的荷载传递机理、协同工作机制十分复杂，需通过基础研究来解决界面滑移模型、疲劳裂纹扩展规律等关键问题，并为材料的表面处理、寿命预测等提供科学依据。目前缺乏针对形状记忆合金的工程结构加固相关书籍，无法为建筑和交通工程建造一线的工程师，以及工程加固领域的相关学者、研究生提供机理解释、研究方法、设计方法的思路引导和理论支持。

为此，本书作者及团队对此开展了大量试验和机理研究，基本明晰了 SMA 的力学性能、形状记忆效应，以及高回复力状态下的 SMA 预应力损失与疲劳性能，阐明了 SMA 加固结构的界面力学行为、加固构件的疲劳性能、加固材料与加固构件之间的协同工作机制等，并基于试验和理论解析结果，厘清了相关工程技术应用思路。本书主要对作者及团队近年的研究成果进行总结整理，并对整体研究思路和脉络进行梳理，有助于高校及科研院所的科研工作者从材料、界面及结构三个角度，明晰 SMA 结构加固的试验、计算、仿真等研究方法；同时，有助于行业工程师厘清 SMA 结构加固的设计思路，从而扩展该先进材料和加固技术在土木工程领域的应用。

本书由邓军、吴志刚、李俊辉、刘宗超、朱淼长、费忠宇著。在本书出版之际，向所有关心、支持并为本书做过贡献的研究人员表示衷心感谢。本书相关研究成果及出版，受国家自然科学基金项目（52178278、51778151、52208309）、广东省普通高校创新团队项目（2021KCXTD030）、广州大学"2＋5"平台类项目（PT252022003）等项目支持，在此一并表示感谢。

希望本书的出版能给从事工程结构加固的科研及技术人员提供参考和帮助。SMA 土木工程应用是近年来国内外研究热点，本书仅就本课题组的研究工作做出总结整理，如果读者在阅读中发现问题，请及时批评指正。

作　者

2024 年 6 月

目　　录

第1章 绪 论

1.1 引 言

　　建筑物与基础设施的结构部分在长期服役过程中因荷载、环境等各种内外因素不可避免会出现损伤、退化，进而产生各类结构病害，这类病害如果不及时处理，会影响结构的安全和使用寿命，当结构损伤不断累积，结构则可能突然破坏，最终酿成安全事故。面对结构病害，国家与政府制定系列政策与法规以确保建筑物和基础设施的结构安全，并有效管理和预防结构病害。系列政策主要涉及设计、施工、维护、加固、检测等各方面，其中维护和加固是保证结构长期健康安全运营的至关重要一环，相关部门为此也制定了多个有关建筑、桥梁等基础设施的加固、养护技术规范；2022年交通运输部发布的《交通领域科技创新中长期发展规划纲要（2021—2035年）》中指出，"提升基础设施高质量建养技术水平"是当下的首要任务，在"维修加固"与"智能诊断"方面提升创新发展能力，在材料方面取得突破是国家的战略需求，也是保障建筑与基础设施建设长期安全的进一步需要。

　　有关结构的加固技术主要可以分为两大类：混凝土结构加固、钢结构加固。混凝土结构的加固方法主要有增大截面加固法、粘贴加固法、灌浆修复法以及增设支撑体系法等。其中，增大截面加固法主要是在原有结构上增加混凝土层或在原结构上外包钢板、钢筋网等，增加截面尺寸，提升薄弱位置刚度与强度，从而达到提高结构承载力的目的；粘贴加固法与灌浆修复法主要是针对局部位置的裂纹，通过使用结构胶材将钢板粘贴至受损开裂位置或将环氧树脂、水泥基材料以注浆的方式灌入裂缝和空洞，达到修复原结构缺陷，提供强度和耐久性的目的；增设支撑体系法则是选择了另一种思路，通过在受力不足的位置区域增加支柱或托梁分担结构荷载，或在建筑物内部增加剪力墙，提升其侧向承载能力。钢结构的加固同混凝土结构的加固有异曲同工之处，同样可以使用增大截面加固法、粘贴加固法与增设支撑体系法，除此之外由于钢结构的可焊性与高延性，还可以通过焊接、螺栓锚固或者在裂纹扩展路径预设止裂孔的方式实现加固钢结构的目的。上述方式均是为了改善原结构的受力状态、提升受损位置的刚度与承载能力而采取的方式与手段，这也是结构加固的主要目的。上述相关加固技术，尽管能在一定程度上恢复结构的承载能力，改善结构受力，但是也存在施工效率低、施工难度大、施工周期长、需要重型机械等劣势，同时会产生如引入新的缺陷、增加结构自重、伤害原结构等问题。随着材料的发展，在结构加固方面，采用轻质、高强、耐腐蚀的碳纤维增强复合材料（carbon fiber reinforced polymers，CFRP）进行粘贴加固是另外一种快速、安全、无损伤的加固方式[1]。自 20 世纪 80 年代以来，CFRP 修复混凝土结构技术已经成熟并广泛应用于混凝土梁、板、柱、桥墩等工程结构的加固[2-5]，在钢结构加固领域也逐渐开始得到应用。外贴 CFRP 加固缺陷钢构件的工作原理是通过胶粘剂将 CFRP 粘结于损伤钢构件表面[6]，利用胶层在 CFRP/钢界面传递应力，保证该复合结构的协同受力，提升整体的承载能力。相比传统加固技术，外贴 CFRP 修复技术具有一定的优势和特点，这一技术也在国内外部分钢桥上（广东平胜大桥、伦敦地铁钢桥等）进行了工程应用。关于 CFRP 加固受损结构，我国 2016 年颁布的《纤维增强复合材料加固修复钢结构技术规程》（YB/T 4558—2016）为 CFRP 加固钢结构方面的应用提供了设计参考，并得到了广泛工程实践。本书作者及所在团队也在 CFRP 加固混凝土、钢结构方向开展了大量试验、理论和模拟仿真研究，取得了一定的研究成果与进展，这在本书作者出版的专著《碳纤维增强复合材料加固钢构件耐久性能研究》中有详细介绍[7]。基于对 CFRP 以及其他加固方式的认知与了解，作者认为无论是传统加固还是普通 CFRP 修复，终归只是一种"被动"手段，只有预应力"主动"加固才能更加有效地抑制缺陷的发展、降低结构裂纹处的疲劳应力幅。然而，当下的预应力技术通常都需要辅以大、重型工具和数量较多的机械锚固设备，很难在结构上充分实施开展，尤其是面对空间狭小、结构复杂的特殊结构，同时经济成本相对较高，这也是当下较少有预应力加固技术在受损结构上应用的重要原因。因此，寻找简单、快捷、有效、经济的修复技术是工程结构加固中亟待解决的技术问题。

智能材料形状记忆合金（shape memory alloy，SMA）有着独特、优越的性能和广阔的发展前景，因自身具备形状记忆效应可产生预应力，若是应用得当，可实现主动抑制结构疲劳裂纹开展的效果，解决传统预应力修复的不足，进而保障受损结构的安全运营。瑞士联邦材料测试与开发研究所（Empa）最先将 SMA 材料应用于桥梁加固，并研制了一种更适用于土木工程加固领域的铁基 SMA 材料[8]；杜彦良院士在我国率先提出了基于 SMA 的智能结构，实现裂纹扩展的主动探测和控制[9]；同济大学陈涛教授团队基于 SMA 特性，将 SMA 与 CFRP 结合用于提升各类钢结构疲劳性能[10]；东南大学吴刚教授团队使用 SMA 材料针对建筑结构的抗震性能以及钢筋混凝土结构和砌体结构的修复设计方法开展探究[11-12]；同济大学姜旭教授课题组研究了 SMA 加固受损钢结构的疲劳性能，并对 SMA 产生回复力时的温度特性进行探究[13-14]；西南交通大学张清华教授课题组针对正交异性钢箱梁内部焊接缺陷进行 SMA 加固前后效果及相关理论、有限元分析研究[15]；

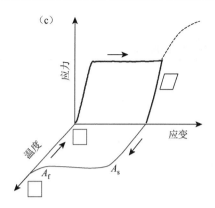

图 1-2 SMA 性质与温度的关系

（a）SMA 的 DSC 曲线，（b）超弹性曲线和（c）形状记忆效应曲线

当变形温度小于 A_s（奥氏体转化开始温度）时，如图 1-2（c）所示，卸载外应力并不能使马氏体转变为奥氏体，因为在该温度条件下，马氏体本身热力学稳定，故留下较大残余变形，当温度加热到 A_f 以上时，由于诱发了马氏体向奥氏体的转变，形状才得以恢复。

1.2.2 三种主要 SMA 的力学和物理性能

SMA 的力学性能与合金的成分、热处理、冷/热加工工艺密切相关，即使是相同合金体系也可表现出较大的力学性能差别。总体来说，镍钛基、镍钛铌基和铁基合金（通常为 Fe-Mn-Si-Cr-Ni，后文均简称为 Fe-SMA）的综合力学性能较好，可满足大部分结构工程的性能要求。表 1-1 罗列了这三种 SMA 的主要力学和物理性能。

表 1-1 三种 SMA 的主要力学和物理性能

合金性能	NiTi-SMA（奥氏体）	NiTiNb-SMA（奥氏体）	Fe-SMA（奥氏体）	结构钢
屈服强度/MPa	200～600	>414	200～700	235～460
断裂强度/MPa	900～1900	>648	680～1500	390～540
杨氏模量/GPa	30～80	50～70	170	205
塑性变形能力	15%～25%	25%～40%	16%～30%	20%
密度/(g/cm^3)	6.45	6.5	7.2～7.5	7.85
泊松比	0.33	0.30	0.36	0.30
熔点/℃	1240～1310	1310	1350	1500
热膨胀系数 /(10^{-6}/℃)	11.3	11.0	16.5	11.7

续表

合金性能	NiTi-SMA（奥氏体）	NiTiNb-SMA（奥氏体）	Fe-SMA（奥氏体）	结构钢
热传导系数/[W/(cm·℃)]	0.28	0.18	8.4	0.65
磁性	顺磁	顺磁	铁磁	铁磁
焊接性	较好	较好	好	好
冷加工性	一般	一般	一般	好
可切削性	较难	较难	未知	好
耐腐蚀性	很好	很好	一般	差

1.2.3　SMA 工程应用举例

　　由于形状记忆合金独特的超弹性和形状记忆效应，SMA 在许多领域有广泛的应用，如医疗器械[21-22]、牙医[23-24]、汽车[25-26]和航空业[27]等。如图 1-3 所示，图 1-3（a）为以 SMA 为组成构件制造的仿生机器人，通过对其预变形，在电流的作用下实现驱动。图 1-3（b）为以 SMA 为组成构件构成的飞机机翼，通过其形状记忆效应作为驱动，从而调节起飞和降落过程中的噪声。

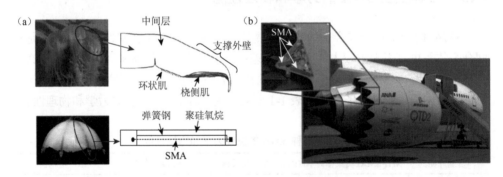

图 1-3　SMA 的工程应用

（a）仿生机器人[28]，（b）飞机机翼[27]

　　由于 SMA 的优良性质，近年来许多研究者探索 SMA 在土木工程上的应用。例如，由于其优秀的耗能和自复位能力，SMA 可用于构件的抗震设计[29-33]。由于其刚度可变的特性，SMA 可用于调谐结构的振动特性，从而改善结构或构件的振动响应，进而达到保护结构的效果。同时，由于 SMA 良好的阻尼特性，基于 SMA 的阻尼器[34-35]和支撑系统[36-38]被用于土木结构，以提高结构的抗震性能。图 1-4 显示的是由 SMA 制成的耗能支撑，结果显示，通过在支撑中添加 SMA，可以提高结构的延性。

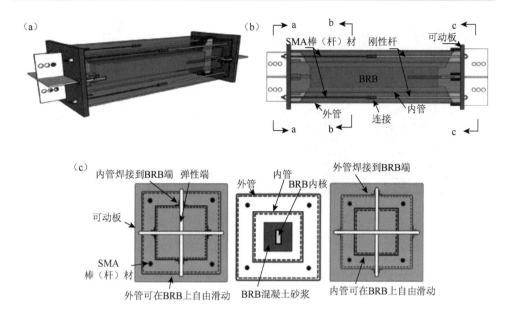

图 1-4 由 SMA 制成的耗能支撑[38]

除了上述应用外，近年来由 SMA 的形状记忆效应产生的高回复力可作为预应力来加固构件吸引了许多学者的注意。对于混凝土来说，三向受压可大幅提高抗压强度，主动约束被证明是一种远优于被动约束的加强手段[39]，因此 SMA 在混凝土加固领域被广泛研究，利用热激活 SMA 来加固混凝土柱[40-44]和混凝土梁[45-50]，都明显地提高了构件的强度。Empa 的研究人员开发了一种铁基形状记忆合金，制作的铁基 SMA 板可用于加固钢结构[51-55]，可以提高钢结构的承载力和疲劳寿命。如图 1-5（a）所示，用预变形的 SMA 丝缠绕混凝土圆柱，当进行加热时能对圆柱施加径向的约束力，从而提高混凝土的强度，采用 NiTiNb-SMA 丝加固的混凝土柱，强度提高了 17%，而破坏时的水平位移提高了 3 倍[56]。图 1-5（b）显示的是铁基 SMA 板加固钢板的示意图，预变形的 SMA 板在加热后，通过锚具对钢板施加预压力，从而提高抗弯强度，在疲劳荷载作用下可大幅提升疲劳强度，激活的 Fe-SMA 板的应用大大提高了裂纹钢板的疲劳寿命，可将试件的疲劳寿命提高 2.8 倍（与参考未加固试件相比）[55]。可以看出 SMA 由于其独特的形状记忆效应而具有的高回复力，在工程上有广阔的应用前景。

CFRP 由于其优异的力学性能和耐腐蚀性能被广泛应用于结构加固，但是 CFRP 加固为一种被动加固，无法主动闭合裂纹，因此研究者们通过对 CFRP 施加预应力从而使 CFRP 加固作为一种主动加固体系。大量研究表明，预应力 CFRP 对裂纹的形成和发展都有良好的抑制作用[57-62]。但是对 CFRP 施加预应力需要大型的张拉设备，且经预张拉的 CFRP 无法使用胶层连接，因此需要特制的锚具。

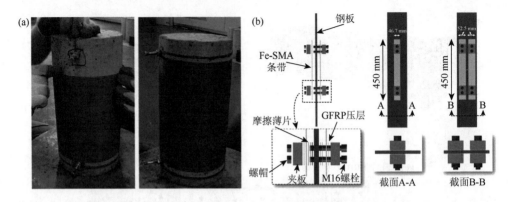

图 1-5　SMA 加固

（a）加固混凝土柱[56]，（b）加固钢板[55]

图 1-6 显示的是 CFRP 现场施加预应力的示意图，该张拉装置由钢地板作为支撑装置，两端的钢柱通过大型的螺栓固定，然后通过拉力设备进行 CFRP 的张拉，该方式只适用于工厂预制构件，而在实际工程中，无法设置如此庞大的张拉装置，且可能对结构造成新的损伤。对于图 1-6 中采用的锚具而言，其使用场景很少，大部分构件无法安装锚具，且在设置锚具的过程中，对于原构件会产生新的损伤。

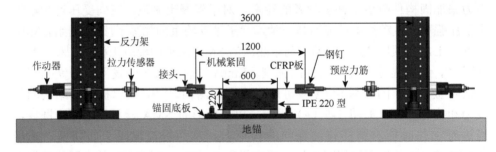

图 1-6　CFRP 现场张拉示意图（单位：mm）[63]

　　因此，如何便捷地施加预应力成了预应力 CFRP 应用的难点。SMA 由于其形状记忆效应，预应变的形状记忆合金在约束态下通过加热可产生高回复力，通过将 SMA 与 CFRP 复合可利用两种材料的优异性能。SMA 可与 CFRP 通过胶层结合，由胶层通过剪切变形将回复力传递给 CFRP，最后通过胶层传递给构件。SMA 产生的高回复力可以使裂纹闭合，而高弹性模量的 CFRP 可使结构产生应力重分布，从而达到降低应力幅的效果，两者结合可以起到一加一大于二的效果。Zheng 等[64]的研究表明，用热激励的 SMA 进行加固的钢板的疲劳寿命是初始钢板的 1.7 倍，单独用 CFRP 的钢板为初始钢板的 8.7 倍，而将 SMA 与 CFRP 结合的贴片进行加固的钢板的疲劳寿命是初始钢板的 26 倍。由此可以看出 SMA/CFRP 复合贴片可大幅提高钢结构的疲劳寿命，SMA/CFRP 复合贴片的研究对于提高钢结构的疲劳寿命具有重要意义。

1.3 SMA 加固结构的应用类型及研究

SMA 作为一种新兴智能材料，其在结构加固领域的应用备受关注。SMA 具有独特的形状记忆效应和超弹性，使其在提高结构性能和延长使用寿命方面具有显著优势。根据现有研究，SMA 加固方法主要分为三大类：粘贴加固、缠绕加固和嵌入加固。SMA 粘贴加固是通过在钢结构的受损部位或关键部位粘贴 SMA 板材，利用 SMA 板材产生的预应力来提升结构的承载能力和抗疲劳性能。SMA 缠绕加固则主要通过将 SMA 丝材缠绕在结构表面，利用其收缩性能来施加预应力，进而提高结构的承载能力和抗疲劳性能，这种方法的研究相对较少，但已有初步研究表明其在提升钢筋混凝土结构的抗剪性能方面具有良好的效果。SMA 嵌入加固则是在结构内部嵌入 SMA 材料，通过加热或电激活使其产生预应力，从而提升结构的整体性能。相比粘贴加固和缠绕加固，嵌入加固技术复杂，但其在提升结构整体性能方面具有独特的优势。综上所述，SMA 在结构加固领域的应用前景广阔。未来研究可进一步探讨不同加固方法的优化设计和实际应用中的挑战，以期充分发挥 SMA 的独特性能，提升结构的安全性和耐久性。下面就 SMA 的主要三类加固方法展开详细阐述。

1.3.1 SMA 粘贴加固

SMA 粘贴加固通常是在结构损伤的局部位置（裂纹位置）直接外贴 SMA 材料进行加固，在加固时需要进行表面处理，涂抹结构胶，粘贴 SMA，最终形成复合材料体系。SMA 通过粘结界面与被加固构件协同工作，使 SMA 产生的预应力传递到被加固结构上，从而闭合构件裂纹，同时也能承担或抵消部分截面拉应力，最终实现提升结构截面抗弯刚度，降低结构损伤部位应力水平，延缓或抑制裂纹拓展，提升钢梁的抗弯承载力、改善疲劳性能的效果。Wang 等[65]采用粘结 Fe-SMA 板对钢梁进行无损预应力加固，通过 Fe-SMA/钢的单向剪切试验确定了约为 120 mm 的有效粘结长度；通过对 Fe-SMA 进行两次激活，使得钢梁刚度得到了明显提升，在经过 300 万次疲劳循环荷载后，粘结界面未观察到脱粘和退化的现象，Fe-SMA 没有发生预应力损失。Lv 等[66]提出了一种利用 Fe-SMA 板主动加固裂纹 U 肋对焊接头的预应力技术，对带裂纹的正交各向异性钢桥面加固前后试件进行了一系列静力和疲劳试验，结果表明，Fe-SMA 板材的回复力可为开裂构件提供额外刚度，粘接 Fe-SMA 板后的试件均表现出优异的疲劳性能，与开裂前的试样相比,最大等效疲劳寿命延长了4.09倍。Wang等[67-68]对Fe-SMA加固前后的钢板疲劳裂纹扩展规律进行了试验研究,试验结果表明,Fe-SMA的预应力能够较好地延长试件的疲劳寿命,降低裂纹扩展速度。Wang等[69]对CFRP加固、非预应力和预应力Fe-SMA加固的带裂纹钢板分别进行了疲劳试验研究,试验结果表明,带预应力Fe-SMA加固试件比CFRP加固更有效,疲劳裂纹扩展寿命延长了3.51倍。预应力Fe-SMA板有助于延缓疲劳裂纹扩展,增加构件刚度。Li等[70]分析了Fe-SMA粘贴加固钢结构的预应力水平,利用相关计算模型,可以准确预测施加不同预应力水平的主体结构应变。Wang等[71]通过数值分析和试验分析,建立了相关数值模型,阐明了使用Fe-SMA粘贴加固带裂纹钢板的有效性,详细探究了粘结面积、SMA粘贴厚度、粘贴角度对加固效果的影响;最终结果表明,Fe-SMA粘贴加固可以降低裂纹尖端的应力强度因子,对裂纹扩展具有延缓作用,与未加固钢板相比,Fe-SMA粘贴加固钢板的疲劳寿命获得大幅提升。

在某些时候,使用的SMA材料会出现刚度不足的情况,在此情形下考虑将SMA材料与其他材料结合进行复合加固可以起到良好效果,在这一方面将SMA材料与CFRP结合的居多,SMA/CFRP复合加固通过SMA提供的回复力抑制缺陷发展,同时CFRP提供足够的刚度与强度,但两种材料在共同工作和单独工作时的受力机制有所不同,作为两种不同的材料,如何保证他们之间的粘结有效性十分重要,另一方面SMA与CFRP之间以何种方式复合可以发挥最好的效果,是一直探究的重点。将SMA与CFRP复合制作成复合贴片然后通过粘贴的方式对结构进行加固是一种已经被证明的良好操作方式,下面就结合当下研究状况对SMA/CFRP复合贴片粘贴加固开展详细介绍。Wang等[72]建立了一种利用粘贴Fe-SMA条和CFRP板(Fe-SMA/CFRP复合粘接贴片)的钢结构疲劳裂纹修复解决方案。并对采用复合贴片的粘贴加固的带缺陷钢板进行疲劳试验,试验结果表明,Fe-SMA/CFRP粘结贴片使裂纹钢板的疲劳寿命延长了5倍以上,在某些情况下完全阻止了裂纹扩展。Zheng等[73]采用SMA/CFRP复合贴片对单边缺口钢板的疲劳裂纹进行修复,结果表明,SMA焊丝增加了发生断裂的临界裂纹长度,并且在较低应力范围内修补效果更好。Deng等[74]采用NiTiNb-SMA线材和CFRP布制作的SMA/CFRP复合贴片对带裂纹钢梁进行加固,评估了SMA/CFRP复合加固对带裂纹钢梁抗弯刚度的修复效果,最终结果表明,SMA/CFRP复合加固梁的极限荷载和抗弯刚度比未加固梁提高了79.2%和57.9%;相比之下,仅使用CFRP和仅使用SMA的加固梁仅达到复合加固梁一半的极限荷载和抗弯刚度;与未加强梁相比,复合加固梁的裂纹尖端屈服荷载增加了230%,这些结果表明,SMA/CFRP复合加固可以显著延缓裂纹扩展,提高带裂纹钢梁的承载力与刚度。Xue等[75]利用SMA/CFRP复合材料来实现钢筋混凝土梁的抗剪加固,试验结果表明，SMA 产生的预应力可以有效抑制 RC 梁中对角线裂纹的形成；与对照梁相比，SMA/CFRP 复合加固和 SMA/BFRP[①]复合加固梁的抗剪强度分别提高了 56.4%和 33.1%。Qiang 等[76]使用 SMA/CFRP 复合贴片对正交异性钢桥面板的疲劳开裂进行修复，通过疲劳试验和有限元分析，研究了不同修复方法下试件的疲劳性能，验证了所提加固方法的可行性。试验和数值结果表明，SMA/CFRP 复合贴片加固使试件裂纹尖端应力强度因子降低了 12.28%；复合贴片修复试件的疲劳寿命是仅通过裂纹止裂孔修复试件疲劳寿命的 2.57 倍。Zhu 等[77]通过 SMA/CFRP 复合开发一种新的钢筋混凝土梁加固方法，通过三点弯曲试验研究了 SMA、CFRP 和两者复合方式下混凝土梁的抗弯性能，试验结果表明，与单独使用 SMA 和 CFRP 相比，复合加固对混凝土梁的延性与极限荷载改善更显著。Xue 等[78]通过试验和有限元分析，研究了 CFRP/SMA 复合加固对混凝土梁抗弯性能的影响，试验结果表明，仅使用 SMA 的加固梁抗弯刚度和承载力改善不显著，CFRP 板加固梁的抗弯能力得到有效提高，但刚度提高有限，CFRP/SMA 复合加固梁的抗弯刚度和承载力显著提高，与控制梁相比，复合加固梁的承载力提高 40.23%，刚度提高 17.65%。

1.3.2 SMA 缠绕加固

为方便操作，对结构进行缠绕加固主要使用 SMA 丝材作为回复力来源，El-Hacha 等[79]采用 SMA 丝对混凝土柱进行主动缠绕加固，与加固混凝土柱和使用传统 CFRP 加固混凝土柱相比，SMA 加固混凝土柱强度和变形能力获得了更为显著的提高。Pei 等[80]使用 SMA 丝对海水腐蚀的混凝土柱进行加固，研究其力学性能，探究了不同海水腐蚀浓度对钢筋混凝土柱机理性能的影响，结果表明：与未腐蚀的试件相比，受海水腐蚀的影响，混凝土柱的承载力和刚度显著降低，SMA 丝加固可以在一定程度上降低混凝土柱的残余变形，增强变形能力；与未加固柱相比，SMA 丝加固试件的残余变形减少了 11.4%。Deng 等[81]探究了 SMA 丝加固受损混凝土柱的效果，提出了理论计算方法来预测受损混凝土柱的承载力；相关试验结果表明，SMA 丝缠绕加固可以显著改善受损试件的抗压性能，特别是在强度（提高 22%）和延性（提高 286%）方面，均超过未受损的完整试件，同时表明，SMA 丝的加固效果受缠绕间距影响，间距越低，加固效果越好。Zerbe 等[82]评估了铁基 SMA 条带加固混凝土柱的力学性能，试验共测试了 25 个圆形混凝土柱，试验结果表明，铁基 SMA 条带对混凝土柱的整体性能，特别是轴向变形能力有很大提升。Sarmah 等[83]使用 Fe-SMA 条对钢筋混凝土桥墩进行抗震改造；试

---

① BFRP 是指玄武岩增强复合材料（basalt fiber reinforced polymer）。

验结果表明，与不加固相比，试件的耗能效果增强，破坏位移增大，抗震性能获得大幅提升。

1.3.3　SMA 嵌入加固

同前两种 SMA 加固方式相比较，通过嵌入的方式将 SMA 材料植入结构体系通常会使结构更具整体性，但由于嵌入方式特殊的操作方式与受力机制往往会使相关研究更为繁杂。SMA 嵌入加固方式中植入 SMA 筋材是常见方式，Hong 等[84]以 Fe-SMA 钢筋为抗拉增强材料，对混凝土梁的抗弯性能进行了试验研究，结果表明 Fe-SMA 钢筋对混凝土梁的抗弯性能提升效果是十分显著的。Khalil 等[85]建立了非线性有限元模型来探究 Fe-SMA 筋的直径对试件的荷载-变形能力的影响；此外，还比较了 Fe-SMA 筋材加固技术与建筑领域中其他常用的技术，数值模拟结果表明，使用更大直径的 Fe-SMA 筋材能有效提升试件的承载能力，但会在一定程度降低试件的延展性。Rojob 等[86]研究了铁基形状记忆合金筋加固钢筋混凝土梁抗弯性能，试验结果验证了该预应力技术在加强钢筋混凝土梁挠曲度方面的可行性和实用性，与 FRP 预应力技术相比，使用 Fe-SMA 材料的自预应力技术的优势在于易于施加预应力，并且 Fe-SMA 材料具有延展性，因此试件更具延性破坏特征。Ji 等[87]评估了以铁基形状记忆合金作为箍筋的钢筋混凝土梁的抗剪性能，主要的试验变量是 Fe-SMA 箍筋的间距以及箍筋是否被热激励产生回复力，试验结果表明，采用 200 mm 箍筋间距下的剪切强度比 300 mm 箍筋间距的混凝土梁提高 27.1%；与未热激励试件相比，Fe-SMA 箍筋的预应力产生了主动围压，使剪切强度提高了 7.6%，并减少了剪切裂纹的数量。因此，使用 Fe-SMA 箍筋可以通过提高构件抗剪强度和初始刚度以及控制裂缝的形成来显著提高混凝土梁的综合性能。SMA 嵌入加固在提升构件的抗震性能方面也有相关研究，Kian 等[88]研究了 SMA 筋嵌入加固前后剪力墙的抗震性能并与其他加固方式作对比，试验结果表明 SMA 筋嵌入加固的剪力墙耗能效果增强，延性提升更为显著。Raza 等[89]利用预应力 Fe-SMA 筋材嵌入加固来降低现有混凝土柱在地震荷载下的残余变形，试验结果表明，所提出的技术成功地提升了加固结构的抗震性能，且 Fe-SMA 预应力柱表现出与传统预应力柱不同的能量耗散机制。

1.4　本 章 小 结

无论是钢结构还是混凝土结构，在长期服役过程中均会不可避免地出现结构病害，严重影响结构的安全性与使用寿命，面对这一现状，开展结构加固工作是必要的，相较于传统加固方式（包括 CFRP 加固），SMA 为结构加固提供了新思路，在加热激活后即可产生回复力，材料本身自带预应力的同时加固方式更为便捷高效使其具备传统加固方式所没有的优势。本书针对 SMA 的回复力产生机制、回复力影响因素、回复力稳定性与耐久性、SMA/钢界面粘接性能开展了相关研究，同时对各类 SMA 加固方式的构件性能进行细致研究，了解其性能提升机制，并将各类加固技术应用于工程实践，旨在解决构件的高效耐久修复难题，突破传统技术的不足，为结构的安全服役提供参考与借鉴。

参 考 文 献

[1] 郑云，叶列平，岳清瑞. FRP 加固钢结构的研究进展[J]. 工业建筑，2005，35（8）：20-25，34.

[2] Norris T，Saadatmanesh H，Ehsani M R. Shear and flexural strengthening of R/C beams with carbon fiber sheets[J]. Journal of Structural Engineering，1997，123（7）：903-911.

[3] Mosallam A S，Mosalam K M. Strengthening of two way concrete slabs with FRP composite laminates[J]. Construction and Building Materials，2003，17（1）：43-54.

[4] Saadatmanesh H，Ehsani M R，Jin L. Repair of earthquake damaged RC columns with FRP wraps[J]. ACI Structural Journal，1997，94（2）：206-215.

[5] 叶列平，冯鹏. FRP 在工程结构中的应用与发展[J]. 土木工程学报，2006，39（3）：24-36.

[6] Teng J G，Yu T，Fernando D. Strengthening of steel structures with fiber reinforced polymer composites[J]. Journal of Constructional Steel Research，2012，78：131-143.

[7] 中冶建筑研究总院有限公司，辽宁建工集团有限公司. 纤维增强复合材料加固修复钢结构技术规程：YB/T 4558—2016[S]. 北京：中国建筑工业出版社，2023.

[8] Izadi M，Motavalli M，Ghafoori E. Iron-based shape memory alloy（Fe-SMA）for fatigue strengthening of cracked steel bridge connections[J]. Construction and Building Materials，2019，227：116800.

[9] 杜彦良，孙宝臣，张光磊. 智能材料与结构健康监测[M]. 武汉：华中科技大学出版社，2011.

[10] Li L Z，Chen T，Gu X L，et al. Heat activated SMA-CFRP composites for fatigue strengthening of cracked steel plates[J]. Journal of Composites for Construction，2020，24（6）：04020060.

[11] Han T H，Dong Z Q，Zhu H，et al. Axial compression test on strengthening concrete cylinders by Fe-SMA/FRP-HDPE tube and rubber concrete cladding layer[J]. Engineering Structures，2024，314：118380.

[12] Liu Z Q，Shi P B，Zhu H，et al. Bond behavior between Fe-SMA strips and mortar in masonry joint after resistive heating[J]. Construction and Building Materials，2023，409：133871.

[13] Qiang X H，Wang Y H，Wu Y P，et al. Constitutive model and activation recovery performance of Fe-SMA：Experimental and theoretical study[J]. Construction and Building Materials，2024，420：135537.

[14] Lv Z L，Jiang X，Qiang X H，et al. Proactive strengthening of U-rib butt-welded joints in steel bridge decks using adhesively bonded Fe-SMA strips[J]. Engineering Structures，2024，301：117316.

[15] 张清华，朱金柱，陈璐，等. 钢桥面板纵肋对接焊缝疲劳开裂主动加固方法研究[J]. 桥梁建设，2021，51（2）：18-25.

[16] Saikrishna C N，Venkata Ramaiah K，Bhaumik S K. Effects of thermo-mechanical cycling on the strain response of Ni-Ti-Cu shape memory alloy wire actuator[J]. Materials Science and Engineering：A，2006，428（1-2）：217-224.

[17] Ishida A，Sato M，Ogawa K，et al. Shape memory behavior of Ti–Ni–Cu thin films[J]. Materials Science and Engineering：A，2006，438-440：683-686.

[18] Wang X M，Xu B X，Yue Z F. Phase transformation behavior of pseudoelastic NiTi shape memory alloys under large strain[J]. Journal of Alloys and Compounds，2008，463（1-2）：417-422.

[19] Condó A M，Lovey F C，Olbricht J，et al. Microstructural aspects related to pseudoelastic cycling in ultra fine grained Ni-Ti[J]. Materials Science and Engineering：A，2008，481-482：138-141.

[20] 耿文范. 形状记忆合金发展现状与展望[J]. 材料导报，1988，15：6-11.

[21] Mansour N A，Fath El-Bab A M R，Assal S F M，et al. Design，characterization and control of SMA springs-based multi-modal tactile display device for biomedical applications[J]. Mechatronics，2015，31：255-263.

[22] Li S L，Kim Y-W，Choi M-S，et al. Superelasticity，microstructure and texture characteristics of the rapidly solidified Ti-Zr-Nb-Sn shape memory alloy fibers for biomedical applications[J]. Materials Science and Engineering：A，2021，831：142001.

[23] Gok F，Buyuk K，Ozkan S，et al. Comparison of arch width and depth changes and pain/discomfort with conventional and copper Ni-Ti archwires for mandibular arch alignment[J]. Journal of the World Federation of Orthodontists，2018，7（1）：24-28.

[24] Hashemzadeh H，Soleimani M，Golbar M，et al. Canine and molar movement，rotation and tipping by NiTi coils versus elastomeric chains in first maxillary premolar extraction orthodontic adolescents：A randomized split-mouth study[J]. International Orthodontics，2022，20（1）：100601.

[25] Jani J M，Leary M，Subic A. Shape memory alloys in automotive applications[J]. Applied Mechanics and Materials，2014，663：248-253.

[26] Stoeckel D. Shape memory actuators for automotive applications[J]. Materials & Design，1990，11（6）：302-307.

[27] Hartl D J，Lagoudas D C. Aerospace applications of shape memory alloys[J]. Proceedings of the Institution of Mechanical Engineers，Part G：Journal of Aerospace Engineering，2007，221（4）：535-552.

[28] Villanueva A，Smith C，Priya S. A biomimetic robotic jellyfish（Robojelly）actuated by shape memory alloy composite actuators[J]. Bioinspiration & Biomimetics，2011，6：036004.

[29] de Almeida J P，Steinmetz M，Rigot F，et al. Shape-memory NiTi alloy rebars in flexural-controlled large-scale reinforced concrete walls：Experimental investigation on self-centring and damage limitation[J]. Engineering Structures，2020，220：110865.

[30] Cortés-Puentes L，Zaidi M，Palermo D，et al. Cyclic loading testing of repaired SMA and steel reinforced concrete shear walls[J]. Engineering Structures，2018，168：128-141.

[31] Miralami M，Reza Esfahani M，Tavakkolizadeh M. Strengthening of circular RC column-foundation connections with GFRP/SMA bars and CFRP wraps[J]. Composites Part B：Engineering，2019，172：161-172.

[32] Muntasir Billah A H M，Shahria Alam M. Seismic performance of concrete columns reinforced with hybrid shape memory alloy（SMA）and fiber reinforced polymer（FRP）bars[J]. Construction and Building Materials，2012，28（1）：730-742.

[33] Sherif M M，Khakimova E M，Tanks J，et al. Cyclic flexural behavior of hybrid SMA/steel fiber reinforced concrete analyzed by optical and acoustic techniques[J]. Composite Structures，2018，201：248-260.

[34] Song G，Ma N，Li H N. Applications of shape memory alloys in civil structures[J]. Engineering Structures，2006，28（9）：1266-1274.

[35] Li H N，Liu M M，Fu X. An innovative re-centering SMA-lead damper and its application to steel frame structures[J]. Smart Materials and Structures，2018，27：075029.

[36] Zeynali K，Monir H S，Mirzai N M，et al. Experimental and numerical investigation of lead-rubber dampers in chevron concentrically braced frames[J]. Archives of Civil and Mechanical Engineering，2018，18（1）：162-178.

[37] Sun S S, Rajapakse R K. Dynamic response of a frame with SMA bracing[J]. Smart Structures and Materials 2003: Active Materials: Behavior and Mechanics, 2003, 5053: 262-270.

[38] Ghowsi A F, Sahoo D R. Seismic response of SMA-based self-centering buckling-restrained braced frames under near-fault ground motions[J]. Soil Dynamics and Earthquake Engineering, 2020, 139: 106397.

[39] Shin M, Andrawes B. Experimental investigation of actively confined concrete using shape memory alloys[J]. Engineering Structures, 2010, 32 (3): 656-664.

[40] Choi E, Cho S C, Hu J W, et al. Recovery and residual stress of SMA wires and applications for concrete structures[J]. Smart Materials and Structures, 2010, 19: 094013.

[41] Choi E, Kim Y W, Chung Y S, et al. Bond strength of concrete confined by SMA wire jackets[J]. Physics Procedia, 2010, 10: 210-215.

[42] Choi E, Nam T H, Yoon S J, et al. Confining jackets for concrete cylinders using NiTiNb and NiTi shape memory alloy wires[J]. Physica Scripta, 2010, 2010: 014058.

[43] El-Hacha R, Abdelrahman K. Behaviour of circular SMA-confined reinforced concrete columns subjected to eccentric loading[J]. Engineering Structures, 2020, 215: 110443.

[44] Suhail R, Amato G, McCrum D. Active and passive confinement of shape modified low strength concrete columns using SMA and FRP systems[J]. Composite Structures, 2020, 251: 112649.

[45] Li H, Liu Z Q, Ou J P. Experimental study of a simple reinforced concrete beam temporarily strengthened by SMA wires followed by permanent strengthening with CFRP plates[J]. Engineering Structures, 2008, 30 (3): 716-723.

[46] Geetha S, Selvakumar M. Self prestressing concrete composite with shape memory alloy[J]. Materials Today: Proceedings, 2021, 46 (10): 5145-5147.

[47] Lee J H, Choi E, Jeon J S. Experimental investigation on the performance of flexural displacement recovery using crimped shape memory alloy fibers[J]. Construction and Building Materials, 2021, 306: 124908.

[48] Sung M, Andrawes B. Adaptive prestressing system using shape memory alloys and conventional steel for concrete crossties[J]. Smart Materials and Structures, 2021, 30: 065016.

[49] Choi E, Jeon J S, Lee J H. Active action of prestressing on direct tensile behavior of mortar reinforced with NiTi SMA crimped fibers[J]. Composite Structures, 2022, 281: 115119.

[50] Choi E, Ostadrahimi A, Lee Y, et al. Enabling shape memory effect wires for acting like superelastic wires in terms of showing recentering capacity in mortar beams[J]. Construction and Building Materials, 2022, 319: 126047.

[51] Fritsch E, Izadi M, Ghafoori E. Development of nail-anchor strengthening system with iron-based shape memory alloy (Fe-SMA) strips[J]. Construction and Building Materials, 2019, 229: 117042.

[52] Hosseini A, Michels J, Izadi M, et al. A comparative study between Fe-SMA and CFRP reinforcements for prestressed strengthening of metallic structures[J]. Construction and Building Materials, 2019, 226: 976-992.

[53] Izadi M, Hosseini A, Michels J, et al. Thermally activated iron-based shape memory alloy for strengthening metallic girders[J]. Thin-Walled Structures, 2019, 141: 389-401.

[54] Izadi M R, Ghafoori E, Shahverdi M, et al. Development of an iron-based shape memory alloy (Fe-SMA) strengthening system for steel plates[J]. Engineering Structures, 2018, 174: 433-446.

[55] Izadi M R, Ghafoori E, Motavalli M, et al. Iron-based shape memory alloy for the fatigue strengthening of cracked steel plates: Effects of re-activations and loading frequencies[J]. Engineering Structures, 2018, 176: 953-967.

[56] Choi E, Cho S C, Hu J W, et al. Recovery and residual stress of SMA wires and applications for concrete structures[J]. Smart Materials & Structures, 2010, 19 (9): 094013.

[57] Colombi P, Bassetti A, Nussbaumer A. Analysis of cracked steel members reinforced by pre-stressed composite

patch[J]. Fatigue & Fracture of Engineering Materials & Structures，2010，26（1）：59-66.

[58]　Ghafoori E，Motavalli M，Botsis J，et al. Fatigue strengthening of damaged metallic beams using prestressed unbonded and bonded CFRP plates[J]. International Journal of Fatigue，2012，44：303-315.

[59]　Ghafoori E，Motavalli M，Zhao X L，et al. Fatigue design criteria for strengthening metallic beams with bonded CFRP plates[J]. Engineering Structures，2015，101：542-557.

[60]　Ghafoori E，Schumacher A，Motavalli M. Fatigue behavior of notched steel beams reinforced with bonded CFRP plates：Determination of prestressing level for crack arrest[J]. Engineering Structures，2012，45：270-283.

[61]　Hosseini A，Ghafoori E，Motavalli M，et al. Mode I fatigue crack arrest in tensile steel members using prestressed CFRP plates[J]. Composite Structures，2017，178：119-134.

[62]　Björem T，Hansen C S，Schmidt J W. Strengthening of old metallic structures in fatigue with prestressed and non-prestressed CFRP laminates[J]. Construction and Building Materials，2009，23（4）：1665-1677.

[63]　Martinelli E，Hosseini A，Ghafoori E，et al. Behavior of prestressed CFRP plates bonded to steel substrate：Numerical modeling and experimental validation[J]. Composite Structures，2019，207：974-984.

[64]　Zheng B T，El-Tahan M，Dawood M. Shape memory alloy-carbon fiber reinforced polymer system for strengthening fatigue-sensitive metallic structures[J]. Engineering Structures，2018，171：190-201.

[65]　Wang S Z，Li L Z，Su Q T，et al. Strengthening of steel beams with adhesively bonded memory-steel strips[J]. Thin-Walled Structures，2023，189：110901.

[66]　Lv Z L，Jiang X，Qiang X H，et al. Proactive strengthening of U-rib butt-welded joints in steel bridge decks using adhesively bonded Fe-SMA strips[J]. Engineering Structures，2024，301：117316.

[67]　Wang W D，Guo X L，Zhou W，et al. Bonded and prestressed fatigue crack retarders based on Fe-SMA[J]. International Journal of Fatigue，2024，184：108301.

[68]　Wang W D，Zhou W，Ma Y E，et al. Complete fatigue crack arrest in metallic structures using bonded prestressed iron-based shape memory alloy repairs[J]. International Journal of Fatigue，2024，180：108104.

[69]　Wang W D，Li L Z，Hosseini A，et al. Novel fatigue strengthening solution for metallic structures using adhesively bonded Fe-SMA strips：A proof of concept study[J]. International Journal of Fatigue，2021，148：106237.

[70]　Li L Z，Wang S Z，Chatzi E，et al. Prediction of prestress level in steel structures strengthened by bonded Fe-SMA strips[J]. ce/papers，2023，6（3-4）：364-368.

[71]　Wang Z Q，Wang L B，Wang Q D，et al. Strengthening cracked steel plates with shape memory alloy patches：Numerical and experimental investigations[J]. Materials，2023，16（23）：7259.

[72]　Wang S Z，Su Q，Jiang X，et al. Development of repair solution for fatigue cracks using self-prestressing Fe-SMA/CFRP bonded patches[C]. The 11th International Conference on Fiber-Reinforced Polymer（FRP）Composites in Civil Engineering，2023.

[73]　Zheng B，Dawood M. Fatigue crack growth analysis of steel elements reinforced with shape memory alloy（SMA）/fiber reinforced polymer（FRP）composite patches[J]. Composite Structures，2017，164：158-169.

[74]　Deng J，Fei Z Y，Li J H，et al. Flexural capacity enhancing of notched steel beams by combining shape memory alloy wires and carbon fiber-reinforced polymer sheets[J]. Advances in Structural Engineering，2023，26（8）：1525-1537.

[75]　Xue Y J，Wang W W，Tian J，et al. Experimental study and analysis of RC beams shear strengthened with FRP/SMA composites[J]. Structures，2023，55：1936-1948.

[76]　Qiang X H，Wu Y P，Jiang X，et al. Fatigue performance of cracked diaphragm cutouts in steel bridge reinforced employing CFRP/SMA[J]. Journal of Constructional Steel Research，2023，211：108136.

[77] Zhu M C, Deng J, Jiang J L. Integrating near-surface mounted SMA and externally bonded CFRP for concrete beams strengthened in flexure[J]. Structural Concrete, 2023, 24 (4): 4903-4916.

[78] Xue Y J, Wang W W, Wu Z H, et al. Experimental study on flexural behavior of RC beams strengthened with FRP/SMA composites[J]. Engineering Structures, 2023, 289: 116288.

[79] El-Hacha R, Abdelrahman K. Behaviour of circular SMA-confined reinforced concrete columns subjected to eccentric loading[J]. Engineering Structures, 2020, 215: 110443.

[80] Pei Q, Cai B W, Xue Z C, et al. Study on mechanical properties of corroded concrete columns strengthened with SMA wires[J]. PLoS one, 2023, 18 (2): e0276280.

[81] Deng J, Zhong M T, Li X D, et al. Experimental study on improving the compressive property of damaged RC columns with prestressed SMA spirals[J]. Engineering Structures, 2024, 307: 117916.

[82] Zerbe L, Vieira D, Belarbi A, et al. Uniaxial compressive behavior of circular concrete columns actively confined with Fe-SMA strips[J]. Engineering Structures, 2022, 255: 113878.

[83] Sarmah M, Deb S K, Dutta A. Hybrid simulation for evaluation of seismic performance of highway bridge with pier retrofitted using Fe-SMA strips[J]. Journal of Bridge Engineering, 2023, 28 (8): 04023050.

[84] Hong K N, Yeon Y M, Ji S W, et al. Flexural behavior of RC beams using Fe-based shape memory alloy rebars as tensile reinforcement[J]. Buildings, 2022, 12 (2): 190.

[85] Khalil A, Elkafrawy M, Abuzaid W, et al. Flexural performance of RC beams strengthened with pre-stressed iron-based shape memory alloy (fe-sma) bars: Numerical study[J]. Buildings, 2022, 12 (12): 2228.

[86] Rojob H, El-Hacha R. Self-prestressing using iron-based shape memory alloy for flexural strengthening of reinforced concrete beams[J]. ACI Structural Journal, 2017, 114 (2): 523.

[87] Ji S W, Yeon Y M, Hong K N. Shear performance of RC beams reinforced with Fe-based shape memory alloy stirrups[J]. Materials, 2022, 15 (5): 1703.

[88] Kian M J T, Cruz-Noguez C A. Seismic design of three damage-resistant reinforced concrete shear walls detailed with self-centering reinforcement[J]. Engineering Structures, 2020, 211: 110277.

[89] Raza S, Widmann R, Michels J, et al. Self-centering technique for existing concrete bridge columns using prestressed iron-based shape memory alloy reinforcement[J]. Engineering Structures, 2023, 294: 116799.

第 2 章　形状记忆合金的回复力机制

形状记忆合金能够用于结构加固，主要得益于其在约束态相变条件下产生的回复力。回复力的大小、获取方法、温度稳定性和长期保持等方面对于实际应用至关重要，这需要对回复力的产生和保持机制有清晰的认知和理解。本章着重剖析 SMA相变回复力的机理，明确影响回复力的关键因素，通过详细研究热处理和预应变对回复力的影响，探索如何获得最佳回复力。这些基础研究为 SMA 复合贴片和结构加固的应用实施奠定了理论基础，提供理论解释和关键实施参数。本章首先将详细剖析和解释 SMA 回复力的形成机制，并总结文献中关于回复力的研究现状。接着，开展三种常用 SMA 合金的具体试验研究，包括 NiTi-SMA、NiTiNb-SMA 和Fe-SMA。研究内容涉及热处理温度、预变形等方面对回复力大小和回复力保持的影响，旨在获得各合金体系的最佳预处理参数。本章的研究内容和结论可为后续各类 SMA 加固钢构件、混凝土构件以及 SMA/CFRP 复合贴片的相关应用研究提供基础理论解释和技术参数指导。

2.1　SMA 回复力原理

关于 SMA 的回复力机制，文献中已有比较公认的解释。图 2-1 示意了三种典型 SMA 的回复力产生过程和原理，分别为 NiTi-SMA、NiTiNb-SMA 和 Fe-SMA（即 Fe-Mn-Si-Cr-Ni）。若想获得室温回复力，应尽量使相变温度 A_s 在室温以上，而 M_s 在室温以下。回复力产生的过程大致为：在室温下对 SMA 进行预变形产生相变应变，但由于室温低于 A_s，卸载过程不能产生马氏体逆相变，故保留了变形量。约束材料形状，再通过热激活，激发材料的逆相变便可实现回复力。不同 SMA合金，由于相变属性不同，其热激活下产生的热力学特征可显示明显差别。

图 2-1（a）和（d）显示了 NiTi-SMA 的热力学特征，虽然热激活诱发了逆相变，从而产生较大的内应力（加热过程中的回复力），但由于相变滞后较窄，冷却回到室温的过程中会发生正相变，从而内应力松弛，损失一大部分回复力。图 2-1（b）和（e）显示了 NiTiNb-SMA 的热力学特征。由于相变滞后很大，其在热激活时产生回复力，在随后的冷却过程中并没有发生衰减，反而由于热胀冷缩的原因，回复力随着冷却过程进一步增大，并可在室温保留。图 2-1（c）和（f）显示了 Fe-SMA 的热力学特征，同样由于较大的相变滞后属性，其冷却过程中回

复力也能得到保留。对于三种合金，在热激活过程中，回复力的上限是合金发生塑性变形的屈服强度，该强度与温度基本呈负的线性相关性。

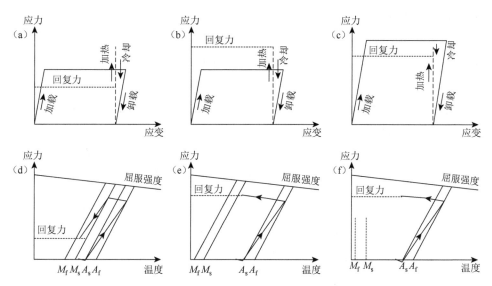

图 2-1　SMA 预应变的应力-应变曲线示意图及对约束态 SMA 进行热激活产生的回复力示意图

（a）NiTi-SMA 的应力-应变曲线，（b）NiTiNb-SMA 的应力-应变曲线，（c）Fe-SMA 的应力-应变曲线，（d）NiTi-SMA 热激活下的内应力热力学路径，（e）NiTiNb-SMA 热激活下的内应力热力学路径，（f）Fe-SMA 合金热激活下的内应力热力学路径

在相变微观的机理层面，回复力可以做如下解释（图 2-2）。室温条件下，处于完全奥氏体状态的 SMA 丝材或带材经过预拉伸变形变成完全马氏体状态，卸载后马氏体得到保留，也即卸载过程中未发生马氏体向奥氏体的逆相变。

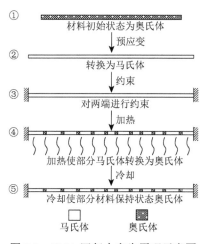

图 2-2　SMA 回复力产生原理示意图

然后将材料两端进行约束,并进行加热。当温度达到 A_s 时,部分马氏体开始逆相变转化为奥氏体,这部分区域会产生收缩倾向,整个丝材或带材的回复力来源就是由收缩倾向而产生的弹性拉应力。

2.2　SMA 回复力研究现状

热处理是用来调控 SMA 性能最常用的方法,通过不同条件的热处理,可以改变 SMA 的相变行为和力学性质。同时,预应变的量也会再度影响室温回复力[1-5]。许多学者进行了 NiTi-SMA 和 NiTiNb-SMA 回复力的试验,其结果总结在图 2-3 中。图 2-3(a)显示的是 NiTi-SMA 的室温回复力,由图可知,文献记录的 NiTi-SMA 回复力,最大约为 250 MPa,最小约为 70 MPa,不同研究者的结果相差很大。图 2-3(b)显示的是 NiTiNb-SMA 的室温回复力测试值,最大为 550 MPa,最小为 70 MPa,与 NiTi-SMA 相比,NiTiNb-SMA 最高可产生 550 MPa 的室温回复力,这几乎超过了 NiTi-SMA 记录的最大室温回复力的一倍。与 NiTi-SMA 情况相似,不同研究者做出的室温回复力结果差异性也很大。

迥异的回复力试验结果源于市面上的 NiTi 合金的品类存在一些差别,包括成分差异、处理和冷变形等加工工艺也不尽相同,这些对马氏体相变行为影响极大。即使很多学者对 NiTi-SMA 进行了重新加工处理,但由于对 NiTi-SMA 的回复力的本质影响因素还不够明确,并未总结出较为统一和被广泛接受的处理工艺标准,这往往会造成材料未发挥其最大的性能潜能。

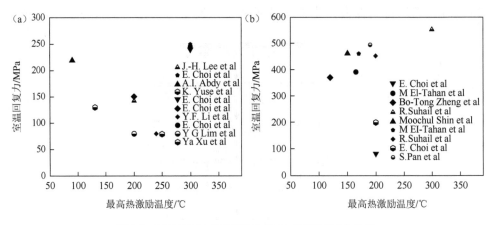

图 2-3　NiTi-SMA 和 NiTiNb-SMA 室温回复力总结

(a) NiTi-SMA[5-14],(b) NiTiNb-SMA[15-23]

2.3　回复力试验方法

2.3.1　试验材料

试验中所选用的 NiTi-SMA 丝和 NiTiNb-SMA 丝由陕西宝鸡海鹏金属公司提供，两种材料在室温下均呈超弹性。所使用的 Fe-SMA 板由 Empa 提供。其中三种材料的组成如下。

1. NiTi-SMA

NiTi-SMA 丝的直径为 1 mm，样品如图 2-4 所示，NiTi-SMA 的化学成分如表 2-1 所示。

表 2-1　本试验中使用的 NiTi-SMA 的化学成分

成分	Ni	Cu	Co	Cr	Fe	Nb	C	H	O	N	Ti
质量分数/%	55.740	0.005	0.005	0.005	0.005	0.025	0.040	0.001	0.037	0.001	44.136

图 2-4　NiTi-SMA 丝样品

2. NiTiNb-SMA

所采用的 NiTiNb-SMA 丝的直径也是 1 mm，样品如图 2-5 所示，NiTiNb-SMA 的化学成分见表 2-2。

表 2-2　本试验中使用的 NiTiNb-SMA 的化学成分

成分	Ni	Si	Fe	Nb	C	H	O	N	Ti
质量分数/%	48.600	0.020	0.010	14.700	0.009	0.001	0.030	0.005	36.625

图 2-5　NiTiNb-SMA 丝样品

3. Fe-SMA

本试验采用的 Fe-SMA 的质量分数为 $m_{Fe}:m_{Mn}:m_{Si}:m_{Cr}:m_{Ni}:m_{其他}=63:17:5:10:4:1$。收到的 Fe-SMA 为宽 10 cm，厚 1.5 mm 的板材。本试验将 Fe-SMA 切割成底边长为 1.5 mm×1.5 mm 的条状，如图 2-6（a）和（b）所示。收到的 Fe-SMA 为成熟的商业产品，已经具有优秀的回复力，在本试验中为了不破坏材料的回复性能，仅对其进行预应变的研究。

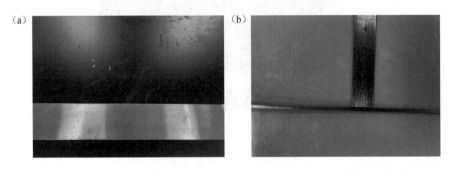

图 2-6　Fe-SMA 尺寸

（a）Fe-SMA 板，（b）线切割后的 Fe-SMA 条

2.3.2　试验方法

1. 热处理

对从厂家收到的 NiTi-SMA 和 NiTiNb-SMA 进行不同温度的热处理，所采用的仪器为沈阳科晶有限公司生产的 KSL-1200X-M 箱式马弗炉。NiTi-SMA 的热处理温度从 100℃到 800℃，间隔 100℃为一组，NiTiNb-SMA 的热处理温度为 100℃到 900℃，对于力学和相变不稳定的阶段将以 50℃为间隔多取几组，热处理时间为 20 min，然后淬火。

2. 拉伸试验

拉伸试验所采用的仪器为三思泰捷 CMT5504 高低温万能试验机，其最大量程为 50 kN，加载和卸载的应变速率为 5×10^{-4} s^{-1}。力学试验以及回复试验所采用的丝样品长度为 160 mm，其中两端夹持 30 mm，标距为 100 mm。在探究回复力的影响因素的试验过程中，需进行以下几种拉伸试验：

（1）研究热处理对材料力学性能的影响，将不同热处理条件的样品单轴拉伸，直至拉断。

（2）研究热处理对相变行为以及回复力的影响，不同热处理条件的样品分别拉伸 10%的预应变，然后卸载到 0 MPa 应力，并记录拉伸和卸载的应力-应变曲线。

（3）研究预应变对相变和回复力的影响，本章选用经过 800℃热处理的 NiTi-SMA 和 NiTiNb-SMA 样品进行预应变对回复力的影响，将三种 SMA 样品分别拉至不同的预应变值并卸载到应力为 0 MPa。

3. 马氏体相变行为研究

为了研究热处理以及预应变对 SMA 相变行为的影响，本试验采用美国 TA 公司的 DSC250。其加热和降温过程的速度为 5℃/min。在本章所做的 DSC 包括：

（1）研究热处理对相变的影响，将不同热处理条件的样品进行 DSC 测试。

（2）研究预应变对相变行为的影响，对不同预应变样品进行 DSC 测试。

4. 热激励与回复力测量

对预应变的 SMA 进行热激励试验，由于电流加热的不均匀性，万能试验机温箱加热速度极慢且无法达到较高温度，因此选择加热线圈进行加热，加热装置及温度沿样品长度的分布如图 2-7 所示。在试验过程中发现贴太多热电偶会影响回复力，在回复力试验过程中以中点作为温度值，因此采用的温度比平均温度更高。对于回复力的测量，采用三思泰捷 CMT5504 高低温万能试验机。加热前，移除预应变样品顶端的夹具，在中部安装热电偶，并安装电热线圈，然后再次固定样品的顶端。在加热之前，向 NiTi-SMA 和 NiTiNb-SMA 施加 15 N 的预拉力，对 Fe-SMA 施加 40 N 的预拉力，这是为了防止加热过程中过早出现屈曲。当打开线圈开关后，样品开始加热，大约需要 180 s 达到 200℃。当电线圈的电源关闭时，在空气中开始冷却，大约需要 300 s 回复到室温。虽然加热和冷却速度不能实现线性控制，但对于本试验而言，这不是一个主要问题。

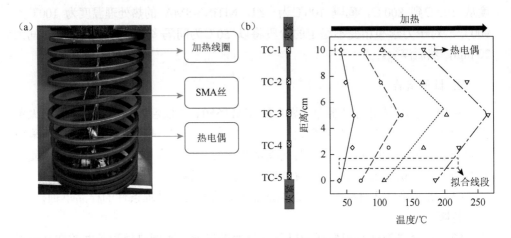

图 2-7　预应变 SMA 丝的热激活

（a）加热线圈设置，（b）加热时沿导线长度的温度分布

2.4　NiTi-SMA 回复力研究

2.4.1　热处理对 NiTi-SMA 力学性质的影响

对不同热处理温度处理的 NiTi-SMA 丝进行单轴拉伸试验，根据样品的热处理温度，样品被编号为 SAR、S100、S200、S300、S400、S450、S500、S550、S600、S700 和 S800，SAR 为 As-received sample，即收到状态的样品，其余样品数字代表不同热处理温度，S 代表样品。图 2-8 显示了热处理温度对 NiTi-SMA 丝样品单轴拉伸力学性能的影响。图 2-8（a）展示了所有样品的拉伸应力-应变曲线。SAR 显示出了 557 MPa 的较高平台应力，平台应变为 6.4%，在应力诱发马氏体转变完成之后（应力平台结束），应力-应变曲线表现为近线弹性变形，然后在约 1470 MPa 下屈服（此处的屈服指的是应力诱发的马氏体的屈服，如图 2-8（a）中 SAR 样品上所标记的屈服强度，其在相变平台后通过 0.2%偏移应变法测量），最终在约 1500 MPa 下断裂，伸长率为 14.3%。随着热处理温度的升高，材料的屈

服强度明显降低，而伸长率增大。图 2-8（b）显示了所有样品在 10%应变下的加载-卸载过程。很明显，超弹性行为随热处理温度的变化而逐渐变化，随着温度的升高，材料的超弹性降低，而形状记忆效应开始增强。

图 2-8（c）显示，屈服强度在热处理温度不大于 400℃时几乎没有变化，然而当热处理温度从 400℃进一步升高到 800℃的过程中，屈服强度迅速且单调地下降。所有样品中 S300 的屈服强度最大，为 1590 MPa，S800 的屈服强度最小，为 360 MPa。伸长率在热处理温度不大于 500℃的条件下几乎保持在 13%左右，然后在热处理温度升高到 550℃时突然上升到 61%，但是进一步提高热处理温度将使得伸长率略有下降。

图 2-8（d）显示，在热处理温度从 100℃增加到 500℃的过程中，平台应力下降得十分缓慢，然后当热处理温度达到 550℃时，平台应力从 500 MPa 突然下降到 220 MPa，温度进一步升高到 800℃后，平台应力又逐渐增加到 300 MPa。在热处理温度不大于 400℃时，卸载曲线的残余应变（塑性变形和残余马氏体）几乎保持不变，约为 1%，这意味这些样品仍具有 9%的良好超弹性。当热处理温度从 400℃升高至 800℃，残余应变从 1%单调增加至 9%。

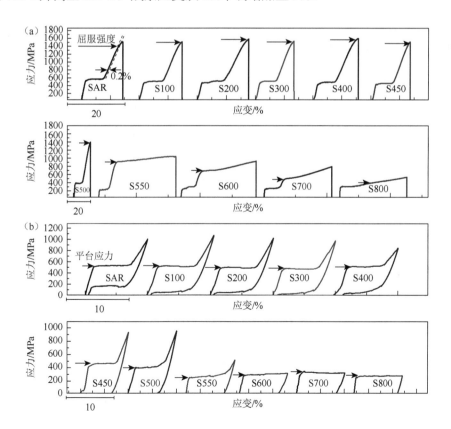

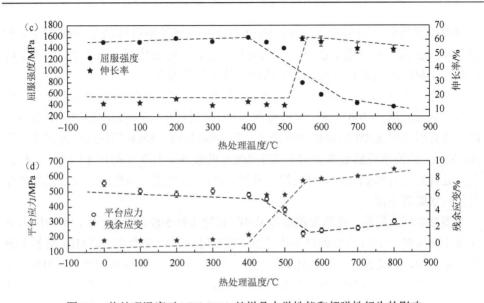

图 2-8　热处理温度对 NiTi-SMA 丝样品力学性能和超弹性行为的影响

（a）拉伸试验的应力-应变曲线，（b）屈服强度和延展性与热处理温度的关系，（c）10%时的加载-卸载路径，
（d）超弹性循环的平台应力和残余应变的关系

2.4.2　热处理对相变行为的影响

图 2-9 显示的是不同热处理条件下 NiTi-SMA 试样的马氏体相变行为。图 2-9（a）显示了 DSC 冷却曲线上的马氏体正向转变放热峰，图 2-9（b）显示了 DSC 加热曲线上的马氏体逆向转变吸热峰。可以看出，在低于 450℃ 的温度下进行热处理的样品，在冷却和加热时，都只有一个微弱的峰，这是 B2⇔R 的典型变换。随着热处理温度的升高，B2⇔R 转变峰变得更加尖锐，这意味着较多的位错被去除，相变变得容易[24]。在 S550 的冷却过程中观察到 B2→R→B19′的两步正相变，在 S500 的加热过程中观察到 B19′→R→B2 逆相变，这说明了在 500～600℃材料的相变行为开始产生了变化。文献中关于两阶段相变有充分记录，这是富镍 NiTi 合金由于时效[25-26]或应力时效[27-28]处理而产生的多阶段转变行为，这与 Ni₄Ti₃ 沉淀的生长以及 R 相和 B19′相之间不同的成核能量势垒有关。

随着热处理温度的升高，B19′相开始逐渐出现，这表明样品中的位错由于再结晶而大大减少。冷加工 NiTi-SMA 的再结晶温度为 565℃[29]，而当热处理温度接近或高于此温度时，再结晶便随之发生。B2→R 和 B2→B19′转变的共存表明这些样品都发生了部分再结晶。当热处理温度在 600～800℃时，在冷却和加热时样品都显示出明显的单一的 B2→B19′转变峰，这表明样品为完全热处理状态。

图 2-9（c）显示了相变峰值温度与热处理温度的关系。可以看出，当样品在

500℃以下热处理时，B2↔R 的峰值温度只显示出 8℃的窄温度滞后。B2↔R 的小滞后转变通常见于商业超弹性 NiTi-SMA 产品[30]。当热处理温度升高到 600℃以上时，转变类型转变为 B2↔B19′相变，相变滞后逐渐增加至约 38℃。

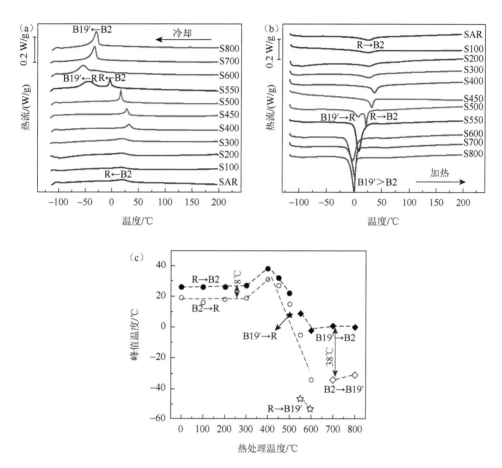

图 2-9　不同热处理条件下 NiTi-SMA 试样的马氏体相变行为

（a）DSC 冷却曲线，（b）DSC 加热曲线，（c）DSC 峰值温度随热处理温度的变化

2.4.3　热处理对回复力的影响

为了获得合理的回复力，测试样品应在预拉伸过程中完成应力诱发马氏体相变，因此，选择 10%的预应变来研究热处理温度的影响。图 2-10 显示不同热处理 NiTi-SMA 丝样品在室温至 200℃左右的加热冷却循环的回复力曲线，热激励过程中的回复力被定义为 σ_{re}。图 2-10（a）显示了 SAR、S100、S200、S300 和 S400 的回复力曲线。这些样品显示出类似的回复力-温度特性，加热后，回复力都是先

增大后减小，从而在特定温度（T_p）下曲线上出现峰值，定义峰值为 σ_{max}，冷却曲线形状也相似，但冷却过程中出现的峰值和出现峰值的温度不同。随着热处理温度的升高，这些样品的 σ_{max} 明显增加。S400 的 σ_{max} 在 87℃时达到 120 MPa，远高于其他样品，但是在冷却至室温期间，回复力无法保持，这导致在热激活循环后，室温下的回复力（σ_{rm}）相对较小，这是由于发生正向转变，即发生了应力诱发马氏体相变，从而在冷却时松弛了内应力。

图 2-10（b）显示了 S450、S500、S550、S600、S700 和 S800 的回复力曲线。S450、S500 和 S550 的回复力曲线相似。加热后，S550 在 200℃之前达到峰值，而 S450 和 S500 的 σ_{max} 在最高加热温度时取得，且都超过 1000 MPa。冷却时，这些样品的回复力也随温度单调降低，但与加热曲线相比，降温时对应的应力更大，因此在室温残余了 250 MPa 左右的 σ_{rm}。

S700 和 S800 的回复力行为相似。这种类型的加热曲线的回复力首先随温度增加，并在 100℃左右达到峰值，进一步加热会导致回复力的缓慢降低。其降温阶段的曲线比起 S550 及热处理温度更低的样品的降温曲线更为平缓，S800 的回复力从 25℃到 150℃保持在 300 MPa 左右几乎保持不变，如此宽的温度区间保持相对较大的 σ_{rm} 从未被报道过，这对于实际应用非常重要。

表 2-3 总结了所有样品的 T_p、σ_{max} 和 σ_{rm}。图 2-10（c）描述了 σ_{rm} 与热处理温度之间的关系。可以看出，在 400℃及以下进行热处理时，σ_{rm} 受影响不大，约为 18 MPa，这个值过小而不具有实际应用意义。当热处理温度升高到 450℃时，NiTi-SMA 丝样品的 σ_{rm} 突然升高，达到 250 MPa 左右，然后随着热处理温度的升高进一步升高，σ_{rm} 缓慢升高到 S700 的 305 MPa，最后在热处理温度达到 800℃时下降到 270 MPa。

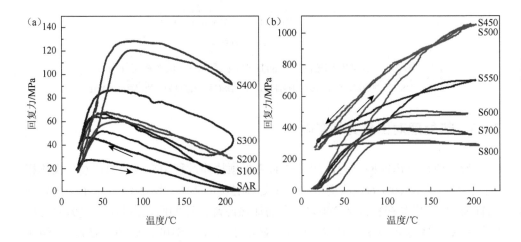

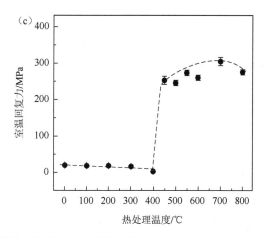

图 2-10　不同热处理温度下 10%预应变的 NiTi-SMA 丝样品回复力（后附彩图）

（a）样品 SAR、S100、S200、S300 和 S400 的回复力-温度曲线，（b）样品 S450、S500、S550、S600、S700 和 S800 的回复力-温度曲线，（c）室温回复力与热处理温度之间的关系

表 2-3　不同热处理温度下所有试样的 T_p、σ_{max}、σ_{rm} 特征值

试样	SAR	S100	S200	S300	S400	S450	S500	S550	S600	S700	S800
T_p/℃	35	52	48	70	87	200	204	180	138	104	103
σ_{max}/MPa	27	53	63	59	120	1054	1054	700	511	401	324
σ_{rm}/MPa	21	18	19	17	4	252	246	274	260	305	275

2.4.4　预应变对回复力的影响

由于 S800 的回复力相对较高，并且在较大的温度窗口内非常稳定，因此选择其作为示例来研究预应变对回复力的影响。图 2-11（a）显示了 S800 在 2%～22%不同预应变下的加载-卸载的应力-应变曲线。所有曲线都呈现出类似的应力诱发相变行为，平台应力在 280 MPa 左右波动，当预应变增加到 10%以上时，应力逐渐偏离平台，并随应变逐渐增加（硬化），这表明应力诱发马氏体相变完成，变形机制在较大应变下转变为再取向马氏体的弹塑性过程。可以看到即使变形高达 22%，应变硬化效应也相当弱，这是完全热处理 NiTi-SMA 的典型情况。值得注意的是，样品的反向转变温度（B19′→B2）低于室温 [图 2-9（b）]，但在任何预应变水平下几乎没有观察到超弹性，这说明应力诱导的正向转变同时伴随着大量塑性变形，这严重阻碍了卸载时反向转变的发生。图 2-11（b）显示了加载-卸载循环的残余应变和预应变之间的关系。可以看出，残余应变几乎随预应变的增加而线性增加，预应变为 2%～22%，只有 1%～2%的小超弹性。

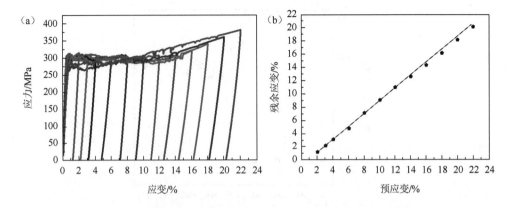

图 2-11　预应变对 S800 力学性能的影响

（a）不同预应变，（b）残余应变时的加载-卸载应力-应变循环

为了阐明预应变对马氏体相变温度的影响，在预应变过程后对样品进行了 DSC 测量。如图 2-12（a）所示，在 DSC 加热曲线中，第一个转变峰位于 A_p^1，第二个转变峰位于 A_p^2。第一次转变为热马氏体（未变形）的反向转变，第二次转变为应力诱发马氏体的反向转变。可以看出，由于马氏体稳定化效应，A_p^2 远高于 A_p^1。两个相变峰的共存表明，由于同时引入塑性变形，预应变期间的应力诱发马氏体是不完整的，仍残余相当大部分的未相变奥氏体。与未预应变样品相比，第一个相变峰的峰值强度（潜热）大大降低，而第二个相变峰的强度随着预应变的增加而逐渐增大，表明应力诱发马氏体的体积的增大。随后的冷却 DSC 曲线显示，正向相变峰也为两个峰，即 M_p^1 和 M_p^2，如图 2-12（b）所示。

图 2-12（c）显示了不同预应变的 A_p^1、A_p^2、M_p^1 和 M_p^2 的演变。可以看出，A_p^1 的总趋势为随预应变单调减少，而 A_p^2 随预应变单调增加。根据 Piao 等[31]的观点，增加的弹性应变能存储在热马氏体中，而应力诱发马氏体在预变形过程后释放了

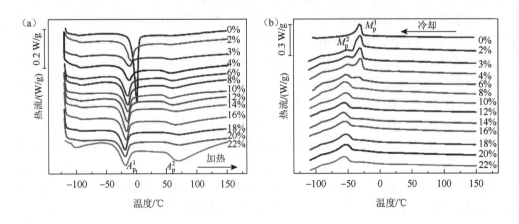

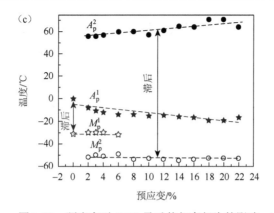

图 2-12 预应变对 S800 马氏体相变行为的影响

（a）加热 DSC 曲线，（b）冷却 DSC 曲线，（c）预应变对相变峰值温度的影响

更多的弹性能，因此 A_p^1 逐渐减少，A_p^2 增加。M_p^1 和 M_p^2 随预应变的增加变化不大，但 M_p^1 在 6% 以上预应变时消失。M_p^2 的峰值强度随预应变的增加而增加，这是由于应力诱发马氏体体积的增加。当预应变超过 6% 时，原始转变滞后（$A_p^1 - M_p^1 = 38℃$）已演变为 $A_p^2 - M_p^2 = 110℃$。应当注意的是，应使用 A_p^2 计算相变滞后，因为这对应于应力诱发马氏体的逆相变，是回复力的来源。

图 2-13 显示了不同预应变 S800 样品的回复力曲线。如图 2-13（a）所示，当预应变为 2% 时，σ_{re} 在加热到 42℃ 时首先保持在 20 MPa 不变，然后在 62℃ 时逐渐增加到 25 MPa，然后在加热到 200℃ 时下降到几乎 0 MPa。σ_{re} 从 42℃ 上升到 62℃ 显然是由于部分反向 B19′→B2 转换引起的 SMA 收缩，然而，这种收缩效应很快就被进一步加热后的连续热膨胀所补偿。冷却至室温后，由于丝材样品的冷缩效应，σ_{re} 持续稳定增加至 40 MPa。不难理解的是，在 2% 预应变下，发生逆相变的应力诱发马氏体体积非常小，因此热膨胀效应在热循环中起着主导作用。当预应变为 3% 时，回复力曲线的形状与 2% 预应变的形状相似，但显示出更高的 σ_{re} 值，表明线材中可发生逆向相变的体积更大。当试样预应变为 4% 和 6% 时，回复力显著增加。4% 样品在温度为 90℃ 时，σ_{max} 达到 257 MPa，6% 样品在温度为 106℃ 时，σ_{max} 达到 284 MPa，这显然是由于线材试样中应力诱发马氏体的转变体积进一步增大所致。冷却后，由于持续的热收缩产生的收缩效果大于正相变产生的内应力，因此保持了较高的回复力水平。

图 2-13（b）显示了 8%～16% 预应变的回复力-温度曲线，其形状几乎相同。加热后，σ_{re} 急剧增加，在 T_p 为 110℃ 的时，取得的 σ_{max} 约为 320 MPa。由于热膨胀，进一步加热导致 σ_{re} 略有降低。冷却时，σ_{re} 略有增加，然后降低，但总体上保持在 290 MPa 至 310 MPa 之间的稳定水平，这是由于热收缩和正向转变产生的 SMA 丝内应力几乎相等。图 2-13（c）显示了预应变为 18%～22% 时的回复力-温

度曲线，该曲线显示 σ_{re} 值大大降低，这显然是由于加热时大量塑性变形对反向转变的阻碍作用。具有不同预应变值的其他样品的 T_p、σ_{max} 和 σ_{rm} 如表 2-4 所示。

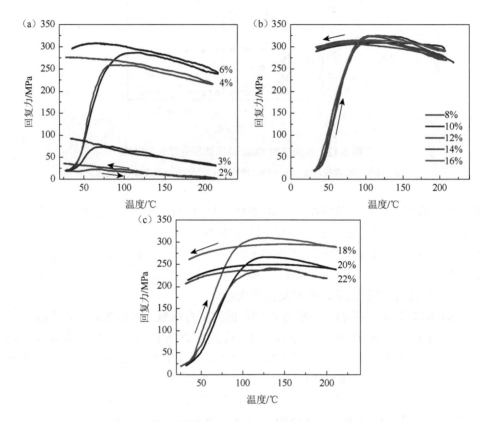

图 2-13 不同预应变试样的回复力-温度曲线（后附彩图）

（a）2%～6%，（b）8%～16%，（c）18%～22%

表 2-4 不同预应变样品的 T_p，σ_{max} 和 σ_{rm}

预应变/%	2	3	4	6	8	10	12	14	16	18	20	22
T_p/℃	62	72	90	106	108	103	106	112	112	120	128	131
σ_{max}/MPa	22	75	257	284	312	324	322	324	324	309	266	241
σ_{rm}/MPa	17	70	254	256	270	274	270	267	278	239	192	185

图 2-14 总结了不同预应变下的室温回复力 σ_{rm}。可以看出，在 4%～16%的大预应变范围内，σ_{rm} 可以达到 250 MPa 以上。小于 4%的低预应变值样品的 σ_{rm} 值小于 100 MPa，而大于 16%的过度预应变样品的 σ_{rm} 小于 250 MPa。

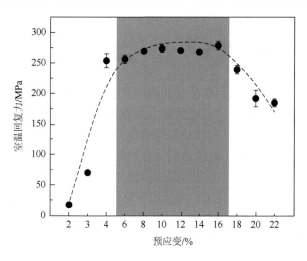

图 2-14　不同预应变值下的室温回复力

2.4.5　应力保持

为了保证 NiTi-SMA 在室温下能稳定地提供回复力，对 SAR 及 S800 进行室温下的应力保持试验。在 SAR 及 S800 完成回复力试验后，降至室温并保持 30 min，然后观测回复力变化。其结果如图 2-15 所示，在室温下保持 30 min 后，SAR 的回复力几乎无变化，而 S800 的回复力略有降低（5 MPa），这主要是马氏体相变的发生，从而使应力松弛。

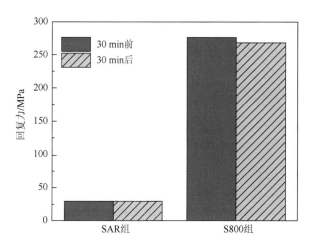

图 2-15　SAR 与 S800 回复力保持测试

2.4.6　低温对回复力的影响

由于各地气温差异，以及冬夏季的温度变化，这意味着对于 NiTi-SMA 的实际应用，很大程度取决于它的低温性能。如我国东北和内蒙古等地区，冬季气温可低至–40℃以下，因此对于形状记忆合金的回复力进行低温测试显得十分重要。在 NiTi-SMA 丝回到室温后，用拉力机所自带的温箱进行降温，直至降低到–40℃，其测试结果如图 2-16 所示。加温和降温阶段的回复力变化如图 2-16（a）所示，其中 S450 和 S500 从室温到–40℃样品的下降速度较慢，而从 S550 到 S800 样品的下降速度较快。其原因如图 2-9（a）所示，由于 S450 和 S500 的正相变峰靠近室温，在温度降低到室温的过程中，其回复力减小速率很快，大部分回复力已经在降温到室温过程中损失，而从室温降低到–40℃的过程中，其回复力降低速率开始变慢。这是由于在这种退火条件下，仍然存在大量的位错，这些位错将阻碍正相变的进行，而位于这些位错附近的转变的奥氏体极其稳定，直到–40℃仍能保持为奥氏体态。而 S550、S600、S700、S800 的正向转变峰远小于室温，当其从室温继续下降时，开始接近其正向转变峰，从而回复力快速下降。到–40℃时的残余回复力如图 2-16（b）所示，其回复力随着热处理温度的升高而降低，在热处理温度大于 500℃后基本为 0，甚至为负数，因此对于有低温性能要求的地区，NiTi-SMA 不是一个好的选择。

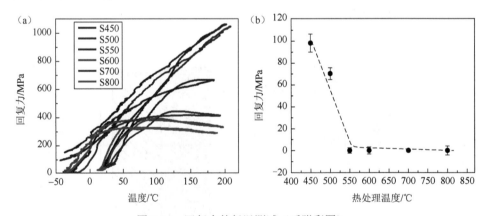

图 2-16　回复力的低温测试（后附彩图）
（a）回复力-温度曲线，（b）在–40℃的回复力与热处理温度的关系

2.4.7　讨论

预应变 SMA 的回复力是通过加热时应力诱发马氏体的马氏体逆相变而触

发的。加热时，σ_{re}（实际上是 SMA 丝的内部应力）包含两个相互抵抗的成分：①由于形状记忆导致 SMA 丝收缩的应力（σ_{SME}）和②由于热膨胀导致金属丝膨胀的应力 σ_{th}，即 $\sigma_{re} = \sigma_{SME} + \sigma_{th}$。$\sigma_{th}$ 可由式（2-1）计算。

$$\sigma_{th} = \alpha \cdot \Delta T \cdot E \qquad (2-1)$$

其中，α 表示线性热膨胀系数（CTE），ΔT 表示温度变化，E 表示弹性模量。马氏体和奥氏体的热膨胀系数分别为 6.59×10^{-6}℃$^{-1}$ 和 1.05×10^{-5}℃$^{-1}$，马氏体和奥氏体的弹性模量分别约为 30 GPa 和 60 GPa（NiTi-SMA 的常用值），由于样品处于两相混合，为了简化计算，热膨胀系数和弹性模量都取两者平均值，这并不影响其分析结果。

在图 2-17 中，重新分析了 S450 和 S800 的回复力，这两种回复力随温度的变化是不同的。图中曲线显示了 σ_{SME} 和 σ_{th} 的应力分量，用以揭示回复力的来源。在图 2-17（a）显示的 S450 的回复力组成，σ_{th} 与温度呈线性关系，σ_{SME} 可以用 $\sigma_{SME} = \sigma_{re} - \sigma_{th}$ 来确定。S450 的 σ_{SME} 从加热开始就开始上升，并持续上升至 200℃，这是由于从应力诱发马氏体到奥氏体（B19′→B2）的转变一加热就会发生。值得注意的是，应力曲线的斜率随加热而逐渐变化，这可能是由于形成新奥氏体的速率逐渐降低，或在较高温度下产生一些位错滑移，或两者共同造成的。可以合理地推测，σ_{SME} 将继续增加，直到样品达到屈服强度 σ_y 而屈服。屈服强度具有负温度依赖性，随着加载温度的升高而降低，因此在分析时使用斜线代表屈服强度的降低。显然，屈服强度在回复力过程中充当 σ_{SME} 的"应力上限"。冷却时，σ_{SME} 在降温时马上降低，表明出现正相变 B2→B19′（应力诱发马氏体）转变，正相变在高温时发生是由于 S450 的转变温度相对较高［图 2-9（a）］。

如图 2-17（b）所示，使用相同的方法，S800 的 σ_{re} 也被分解为 σ_{SME} 和 σ_{th}。与 S450 不同，σ_{SME} 在 50℃到 100℃之间增加，表明应力诱发马氏体向奥氏体（B19′→B2）转变的发生，这显示出与 DSC 曲线上的第二转变峰的良好一致性［图 2-12（a）］。100℃时应力曲线斜率的突变表明屈服已经发生，随着温度进一步升高，应力达到"应力上限"，即接触到屈服强度，之后样品中会出现大量位错滑移。冷却后，σ_{SME} 保持在 300 MPa 以上的相对稳定的应力水平，接近室温时仅出现轻微下降，表明样品中的相成分基本保持不变，只有一小部分长度经历了正向转变。这归因于完全热处理的 S800 样品的相对较低的正向转变温度（约−30℃），这是由于 Ni_4Ti_3 的溶解和更丰富的 Ni 含量所导致的。此外 S800 较低的屈服强度会导致在预应变和回复的过程中产生更多的塑性变形，这也会阻碍正向变的发生。

可以注意到的是，σ_{re}-T 曲线上冷却后的正向转变倾向于在比所有样品的 DSC 曲线上测量的温度高得多的温度下发生。这是由于马氏体相变的负载偏置特性，

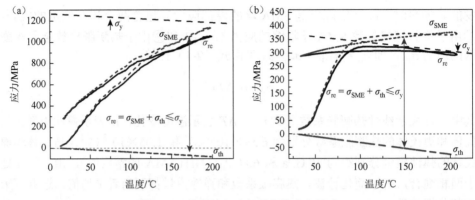

图 2-17　热激励与冷却过程的应力组成

(a) S450，(b) S800

在外加应力下，相变温度升高[32]。当奥氏体的线材部分在冷却期间处于拉伸应力下时，奥氏体变得比 DSC 测量的零应力状态更不稳定。这也意味着，为了在较低的温度范围内保持稳定的回复力水平，应优先选择最低可能的正向转变温度（无应力状态）。

　　考虑到在恒定的物理约束下线材的总应变为零，线材新形成的奥氏体部分会尝试缩短长度，从而产生负应变，而线材的其余部分略微伸长，具有正应变。两个应变分量的比例可以随温度变化而变化，而在加热和冷却过程中，两者之和始终保持为零。

　　此外，由于预应变产生的局部不均匀应力的存在，马氏体稳定效应也对回复力起重要作用。在预应变之后，样品可能需要在室温下进行人工搬运、运输、组装和安装，相较于初始温度，室温可能会升高一些，致使马氏体提前产生逆变。通常来说，逆相变起始温度相较于室温提高至少 50℃时，方可确保应力诱发的马氏体在被加热之前保持稳定。

　　综上所述，高 σ_{rm} 的标准是：①高屈服强度，以允许加热后回复力充分增长；②大的相变滞后和较低的正相变度（低于室温），以避免冷却时的回复力损失；③适量的塑性变形。为了满足这些要求，应首先选择富镍成分的 NiTi-SMA 产品，因为其正向转变温度本质上很低。根据 DSC 结果，冷加工和部分热处理的样品等具有 B2⇔R 室温超弹性的转变不符合上述标准。当在 600℃以上的高温下进行热处理时，来自先前冷加工的位错减少，Ni_4Ti_3 沉淀溶解回基体，Ni 含量增加。因为 R 相需要位错和 Ni_4Ti_3 沉淀作为非均匀成核的位置，这导致 R 相转变消失。由于上述原因，转换完全变为 B2⇔B19′ 的 NiTi-SMA 具有固有的低转变温度和 38℃的转变滞后（热诱导马氏体和奥氏体之间的滞后）。然而，与 NiTiNb-SMA 相比，人们可能仍然认为它太小，需要指出的是，当

NiTi-SMA 预应变超过 6%时，真正的相变滞后应为 $A_p^2 - M_p^2$（110℃），而不是 $A_p^1 - M_p^1$（38℃），因为只有从应力诱发马氏体（再取向的马氏体）到奥氏体的逆相变才会提供 σ_{SME}。这意味着预应变过程有效地增加了合金的相变滞后，使其更适用于实际应用。

2.5　NiTiNb-SMA 回复力研究

2.5.1　微观结构

NiTiNb-SMA 样品与 NiTi-SMA 样品一样根据样品的热处理温度，被编号为 SAR、S100、S200、S300、S400、S500、S600、S650、S700、S750、S800、S850 和 S900。

由于 NiTiNb-SMA 是在 NiTi-SMA 的基础上加入了 Nb，相应的微观结构会发生变化，因此对其进行微观扫描，在图 2-18（a）和图 2-18（b）分别显示了 SAR 和 S900 纵向截面的背散射电子（BSE）显微照片。NiTiNb-SMA 显示出由纵向 β-Nb 相（亮相）和 NiTiNb 基体相（暗相）组成的双相微观结构。高温热处理后，SAR 的 β-Nb 相的形貌和晶粒尺寸发生了显著变化，在 S900 中变得更加粗化和分离。

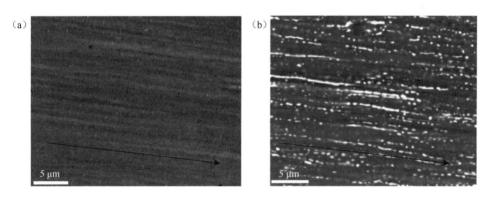

图 2-18　SAR 和 S900 纵向截面的 BSE 显微照片

（a）SAR，（b）S900
注：显微照片中的箭头指示丝材的纵向方向

2.5.2　热处理对力学行为的影响

图 2-19 显示了热处理温度对 NiTiNb-SMA 丝样品力学性能和超弹性行为的影响。其中，图 2-19（a）显示了所有样品的拉伸应力-应变曲线。SAR 显示出 894 MPa 的相对较高的平台应力和 8.8%的平台应变，在应力平台结束时，样品表现出线性

弹性变形，最终在 1475 MPa 左右断裂，伸长率为 13.1%。随着热处理温度的升高，力学性能显著变化，屈服强度明显降低 [屈服强度的取值与图 2-8（a）所示的

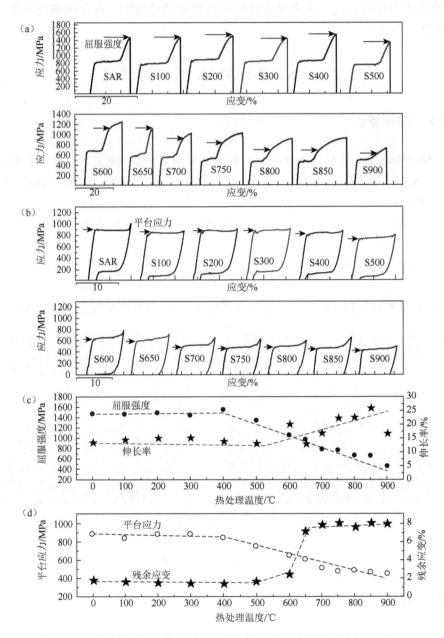

图 2-19　热处理温度对 NiTiNb-SMA 丝样品力学性能和超弹性行为的影响

（a）极限拉伸试验的应力-应变曲线，（b）屈服强度和延展性与热处理温度的关系，（c）10%时的加载-卸载路径，（d）超弹性循环的平台应力和残余应变的关系

NiTi-SMA 屈服强度取值方法相同], 伸长率增大。图 2-19(b)显示了所有样品在 10%应变下的加载-卸载过程, 很明显的是, 超弹性行为随热处理温度而逐渐变化, 当热处理温度高于 650℃时, 超弹性几乎消失。

图 2-19(c)显示了屈服应力、伸长率随热处理温度的关系, 屈服强度在热处理温度不超过 400℃时几乎不变, 然而在热处理温度从 400℃升高到 900℃的过程中, 屈服强度单调而迅速下降。所有样品中, S400 的屈服强度最大, 为 1550 MPa, S900 的屈服强度最小, 为 464 MPa。当热处理温度不大于 500℃时, 伸长率几乎保持在 13%左右, 进一步提高热处理温度, 伸长率总体呈增加趋势。图 2-19(d)显示的是平台应力、残余应变与热处理温度的关系。在热处理温度不超过 400℃时, 平台应力随着热处理温度的升高而轻微降低, 然后随着热处理温度的进一步升高以更明显的斜率降低, 在 900℃时达到 454 MPa。在热处理温度不超过 400℃时, 卸载曲线的残余应变保持在约 1.5%不变, 这意味着在 400℃及以下温度进行热处理时具有 8.5%的良好超弹性。随着热处理温度从 400℃增加到 700℃, 残余应变从 1.5%单调增加到 8%, 而热处理温度的进一步升高只能使残余应变轻微增加。

2.5.3 热处理对相变行为的影响

通过图 2-20 的 DSC 测试结果来分析样品的马氏体相变特征。图 2-20(a)显示了在不同温度下热处理的样品的 DSC 曲线。可以看出, 当样品在不高于

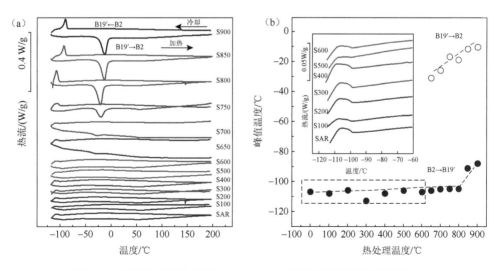

图 2-20 不同热处理条件下 NiTiNb-SMA 丝试样的马氏体相变行为

(a) DSC 曲线, (b) DSC 峰值温度随热处理温度的变化

600℃的温度下进行热处理时，仅在冷却时出现弱峰，这是因为轧制引入的高密度位错会阻止相变[33]。当热处理温度超过 600℃时，冷却和加热都出现相变峰，峰温差大于 75℃，可以判断为 B2⇔B19′转换。热处理温度的进一步升高导致转变峰的增强，这是由于通过再结晶减少了位错并削弱了晶界阻力，从而降低了马氏体相变所需的驱动力[34]。

图 2-20（b）显示了相变峰值温度随热处理温度的变化。可以看出，B19′→B2 的峰值温度随着热处理温度的升高而升高，这是由于热处理引起的位错减少，从而降低了相变的阻力。当热处理温度大于 800℃时，B2→B19′的峰值温度随热处理温度的升高而升高，这是因为热处理松弛了冷加工引起的弹性应变能，该应变能可用作逆相变的驱动力。

2.5.4　热处理对回复力的影响

图 2-21 显示了热处理温度对回复力的影响。所有样品都经历了室温到 200℃之间的加热/冷却循环。在测量 σ_{re} 之前，对所有样品进行 10%预应变[图 2-19（b）]。图 2-21（a）展示了 SAR、S100、S200、S300、S400、S500 和 S600 的 σ_{re} 曲线，这些样品的回复力曲线类似。σ_{re} 在加热时单调下降，而在冷却时单调增加，这是因为热膨胀和收缩在加热和冷却循环中起主导作用。当其回到室温时，这些样品的 σ_{rm} 大于初始值，这表明发生了逆相变。

S650、S700、S750、S800、S850 和 S900 的回复力曲线如图 2-21（b）所示，这些曲线类似。以 S900 为例，在加热到 42℃时，σ_{re} 首先从 18 MPa 缓慢增加到 52 MPa，然后在 107℃时迅速增加到 307 MPa，进一步加热将降低 σ_{re} 的上升速度，并在 187℃时出现峰值，随后，σ_{re} 降低，表明反向转变完成，在之后的加热中，样品的热膨胀起主导作用。与图 2-12 所示的 NiTi-SMA 回复力曲线类似，都具有特征数据，包括 σ_{max}、T_p，所有样品的 σ_{max} 和 T_p 如图 2-21（c）所示。S650 的 σ_{max} 在最高加热温度 208℃时达到 841 MPa，这表明 σ_{max} 仍可以进一步提高，其他样品的 σ_{max} 随着热处理温度的升高而降低，其值接近材料的屈服强度（此屈服强度为室温测得，若升高温度其屈服强度略微降低），这表明加热过程中，回复力将无法超过材料的屈服强度。冷却后，S900 的 σ_{re} 在 200～70℃的大温度区间中稳定在约 450 MPa，进一步冷却，σ_{re} 将开始出现明显的降低，最后，当返回室温时，留下 330 Mpa 的 σ_{rm}。其他样品的 σ_{re} 在不同的温度下也降低，应力下降时的温度随着热处理温度的升高而降低，这表明在高温下热处理的样品由于其低屈服强度引起的大量塑性变形而更稳定。

图 2-21（d）展示了 σ_{rm} 和热处理温度之间的关系。可以看出，在热处理温度

小于等于 600℃时，σ_{rm} 受影响不大（约 40 MPa）。当热处理温度升高到 650℃时，NiTiNb-SMA 的 σ_{rm} 突然升高，达到 530 MPa 左右，然后随着热处理温度升高到 700℃，σ_{rm} 增加到 560 MPa 左右。随着热处理温度进一步提高到 900℃，σ_{rm} 降低到 340 MPa。

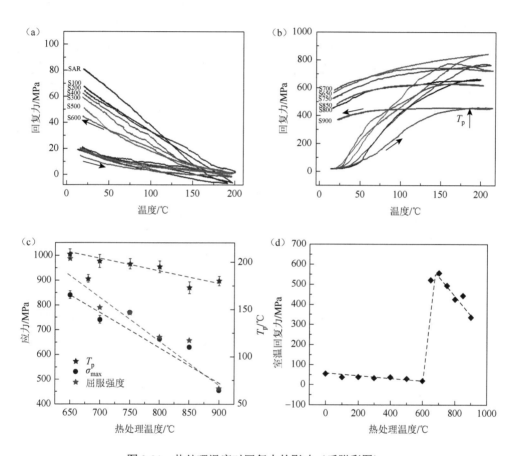

图 2-21 热处理温度对回复力的影响（后附彩图）

（a）样品 SAR、S100、S200、S300、S400、S500 和 S600 的回复力-温度曲线，（b）样品 S650、S700、S750、S800、S850 和 S900 的回复力-温度曲线，（c）不同热处理温度下的 σ_{max}、T_p 和屈服强度，（d）室温回复力 σ_{rm} 和热处理温度之间的关系

2.5.5　预应变对回复力的影响

由于 NiTi-SMA 的试验数据，考虑到材料屈服强度和稳定性的因素，选择 S800 作为示例来研究预应变对回复力的影响。图 2-22（a）显示了 S800 在 0～18% 不

同预应变下的加载-卸载的应力-应变过程。所有曲线都呈现出类似的应力诱发相变行为，平台应力在 500 MPa 左右波动，平台在 8%左右结束。各个曲线还是能明显观察到一定的超弹性，当预应变为 18%时超弹性可达 4%。

为了阐明预应变对马氏体相变温度的影响，在预应变过程后进行了 DSC 测量，其结果如图 2-22（b）、2-22（c）所示。DSC 加热曲线显示 B19′→B2 相变 A_p^1 在预应变 8%以下基本保持不变，当预应变达到 8%时，A_p^1 显著降低，表明发生了应力诱发马氏体相变。当预应变达到 10%和 12%时，预应变后 A_p^1 生成第二个转变峰 A_p^2。第一次转变为热马氏体（未变形）的反向转变，第二次转变为应力诱发马氏体的反向转变。可以看出，由于马氏体稳定效应，A_p^2 的温度高于 A_p^1。当预应变大于 12%时，只有 A_p^2 存在，这表明所有奥氏体都转变为应力诱发马氏体。随后的冷却 DSC 曲线显示，正向相变峰值 M_p 在 8%的预应变以下保持不变，而在 8%的预应变以上变得非常平缓。Sun 等[35]利用高能 X 射线同步辐射衍射研究了 NiTiNb-SMA 的力学性能和相变，发现当预应变水平不超过平台应变时，由于 Nb 塑性变形，马氏体变体很难重新取向。当应变超过平台应变时，应力上升，无明显优势取向的马氏体逐渐生成有明显定向的 A_p^2，应力的进一步增加将导致 NiTi 基体的塑性变形。如图 2-22（a）所示，相变平台在约 8%应变水平结束，当应变大于 12%时，NiTi 基体产生塑性变形，这与图 2-22（b）和（c）的 DSC 曲线有良好的对应关系。

图 2-22（d）显示了 A_p^1、A_p^2 和 M_p 随预应变的演变。可以看出，A_p^1 几乎没有变化，而 A_p^2 随着预应变单调增加。这是由于应力诱发的马氏体释放了更多的弹性应变能，因此减小了逆相变的驱动力，导致 A_p^2 温度升高。M_p 随预应变的增加变化不大。当预应变到 18%时，$A_p^1 - M_p = 87$℃的原始转变滞后已演变为 $A_p^2 - M_p = 196$℃。与 NiTi-SMA 相同，应使用 A_p^2 计算相变滞后，因此通过预应变大大地增加了 NiTiNb-SMA 的滞后，这对于工程应用十分重要。

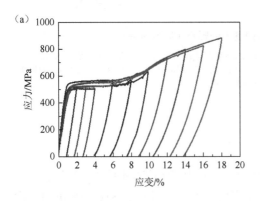

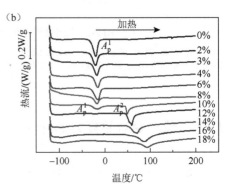

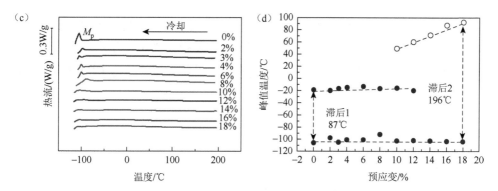

图 2-22　预应变对 S800 力学性能和马氏体相变行为的影响（后附彩图）

（a）不同预应变时的加载-卸载应力-应变曲线，（b）加热 DSC 曲线，（c）冷却 DSC 曲线，（d）预应变对相变峰值温度的影响

图 2-23 显示了 S800 在不同预应变下的回复力曲线。如图 2-23（a）所示，当预应变为 2%，加热到 150℃时，σ_{re} 首先降低到几乎−6 MPa，而当加热到 200℃时，在−6 MPa 时保持不变，这是由于加热时的热膨胀使得 σ_{re} 降低，同时丝材只能够承受的有限压缩应力。冷却后，当冷却至室温时，σ_{re} 单调增加至 27 MPa。这很容易理解，在 2%的预应变下，经历反向转变的应力诱发马氏体的体积非常小，因此热膨胀效应在热循环期间起主要作用。

预应变为 3%～12%的试样的回复力曲线形状相似。以 3%预应变样品为例。当加热至 33℃时，σ_{re} 首先从 20 MPa 下降至 17 MPa，然后随温度升高而升高，在 T_p 为 76℃时，达到 σ_{max}，为 104 MPa，然而进一步加热后，收缩效应很快被持续的热膨胀所补偿，当温度达到 200℃时，σ_{re} 降至 27 MPa。冷却至室温后，由于金属丝样品的热收缩效应，σ_{re} 持续稳定增加至 172 MPa。图 2-23（b）显示的是当预应变>12%的样品的回复力曲线，这些样品的 σ_{re} 在 200℃时达到最大值，可以预测，在较高的温度下，σ_{max} 将继续增加。值得注意的是，所有样品的 σ_{max} 均未超过屈服强度。还可以注意到，在冷却时，当预应变超过 6%时，σ_{re} 在冷却过程中表现出较多损失。这是因为随着预应变的增加，具有取向的应力诱发马氏体变体的数量增加，在此过程中一些马氏体变体将会形成，这些变体在较高的应力水平下形成，具有不同的取向，以适应晶界的约束，晶界包含较高水平的弹性能。该弹性应变能作为冷却时正向转变的驱动力，这将导致 σ_{re} 的损失。

图 2-23（c）显示的是 T_p、σ_{max} 与预应变的关系。T_p 随预应变增加单调增加，而 σ_{max} 在约 10%的预应变处出现峰值，这对应于合金的屈服强度。图 2-23（d）总结了不同预应变下的室温回复力 σ_{rm}。可以看出，在 8%～14%的宽预应变范围内，σ_{rm} 可以达到 400 MPa 以上。低于 4%预应变值的样品仅得到低于 200 MPa 的 σ_{rm} 值，高于 16%预应变的样品得到的 σ_{rm} 低于 350 MPa。根据图 2-22（a）

中的应力-应变曲线，适当的预应变水平应超过相变平台应变（8%），但小于屈服应变（发生 NiTiNb-SMA 屈服的应变），这会使得试样中产生足够的应力诱发马氏体的同时只产生相对较小的塑性变形。这解释了为什么在 10%和 12%时获得最大 σ_{rm}。

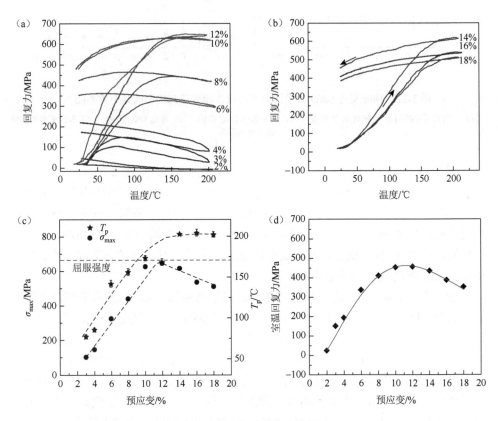

图 2-23　预应变对回复力的影响

（a）样品 SAR、S100、S200、S300、S400、S500 和 S600 的回复力-温度曲线，（b）样品 S650、S700、S750、S800、S850 和 S900 的回复力-温度曲线，（c）不同热处理温度下的 σ_{max} 和 T_p，（d）室温回复力 σ_{rm} 和预应变之间的关系

2.5.6　应力保持

为了保证 NiTiNb-SMA 在室温下能稳定的提供回复力，对 SAR 及 S800 进行室温下的应力保持试验。在 SAR 及 S800 完成回复力试验后，降至室温并保持 30 min，然后观测应力变化。其结果如图 2-24 所示，在室温下保持 30 min 后，与 NiTi-SMA（图 2-15）类似，SAR 几乎不变，而 S800 出现了应力松弛，且降低了 12 MPa，这也是由于应力诱发马氏体相变的结果。

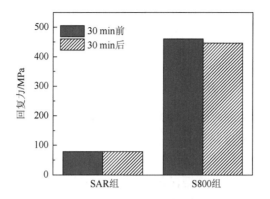

图 2-24　SAR 与 S800 回复力保持测试

2.5.7　低温对回复力的影响

为了验证 NiTiNb-SMA 是否适用于低温环境下的使用，通过温箱将温度降低到–40℃，其测试结果如图 2-25 所示。图 2-25（a）显示的是 S650、S700、S750、S800、S850、S900 的整个加热降温曲线，从图中我们可知，从室温降低到–40℃的过程中，回复力下降的趋势十分明显，最终到–40℃的应力在 200 MPa 到 300 MPa 之间。图 2-25（b）显示的是–40℃时残余的回复力，与图 2-16 显示的 NiTi-SMA 的规律相同，低温回复力随着热处理温度的升高而降低，这是由于位于位错周围的转化奥氏体更为稳定，在–40℃的条件下仍不进行相变，但是 NiTiNb-SMA 在–40℃时保留了更高回复力，这是由于除了位错之外，Nb 的塑性变形也对于正相变起阻碍作用。从实际应用的角度来看，NiTiNb-SMA 的低温性能要优于 NiTi-SMA，但是其回复力下降幅度仍然很大，不宜用于温差较大的地区。

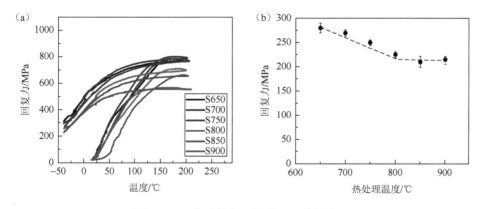

图 2-25　回复力的低温测试（后附彩图）

（a）回复力-温度曲线，（b）–40℃的回复力与热处理温度的关系

2.5.8　讨论

1. 热处理对回复力的影响

相变行为从两个方面影响回复力：①加热时的逆相变导致回复力（σ_i）增加；②冷却时的正向相变导致回复力（σ_d）减少。为了获得足够大的 σ_{rm}，σ_i 应较大，σ_d 应为零或较小。

为了获得足够高的 σ_i，需要满足两个先决条件：①预应变后保持足够的应力诱发马氏体和②高屈服强度。应力诱发马氏体的数量决定了高回复力的可能性，因为形成的马氏体越多，σ_i 的潜力越大。然而，屈服强度决定了加热时 σ_{re} 的上限，因为一旦材料屈服，转变也将停止。随着热处理温度的升高，NiTiNb-SMA 的屈服强度逐渐降低，而预应变样品的残余应变增加，这表明 NiTiNb-SMA 在室温下从超弹性逐渐演变为形状记忆效应，这使得卸载后保留足够的应力诱发马氏体。因此，需要合适的热处理温度来平衡形状记忆性能和屈服强度之间的取舍，这在文献中没有被讨论过。

σ_d 的值由冷却后正向 B2→B19′ 转变量决定。为了尽量减少正向相变的发生，应增加正相变阻力。由于热处理降低了 NiTiNb-SMA 的屈服强度时，预应变期间会发生更多的塑性变形，塑性变形引入的位错将阻碍正向相变。这解释了 S650～S900 的 σ_{re} 在冷却后随热处理温度的升高而降低得更慢 [图 2-21（b）]。因此，大量的塑性变形对其正向相变有很大的阻碍。

2. 预应变对回复力的影响

根据图 2-23（c），预应变影响回复力的上限（σ_{max}）。通过在预应变过程中增加应力诱发马氏体的量，σ_{max} 可以在一定预应变区间内保持增加，直到加热时达到材料的屈服强度，即达到"应力上限"。

冷却时，具有不同预应变的样品的 σ_{re} 表现出不同的特征，预应变<6%的样品表现为单斜增长，6%≤预应变≤10%显示出先增加后减少的变化，预应变>10%显示出单斜下降。所有这些都表明，在物理约束下的热循环期间，预应变对马氏体相变行为有直接影响。

图 2-26 以 S800 为例，本章提出了预应变对相变演化影响的简单解释。为了简化讨论，不考虑 Nb 相的影响和变形。总的来说，具有不同预应变的样品可被视为两种情况进行讨论，即当预应变等于或小于平台应变，以及当预应变大于平台应变（在这种情况下平台应变约为 7%）。根据 Sun 等[35]的研究，NiTiNb-SMA 中的应力诱导马氏体转变在平台应变范围内产生无明显的取向偏好（与外部应力

的弱对准）的马氏体变体，表示为 M_1。通过预应变（应力诱导转变 $A_0 \rightarrow M_1$，其中 A_0 是原始奥氏体）释放了足够多的弹性应变能（由于 Nb 晶粒的塑性变形），因此 M_1 是热稳定的。相应的奥氏体相组分为 A_1，即加热时发生反向转变 $M_1 \rightarrow A_1$，也被认为是热稳定的。当预应变超过平台应变时，随着应力的进一步增加，马氏体变体显示出明显的优选取向（与外部应力对齐），表示为 M_2（$A_0 \rightarrow M_2$）。M_2 保留了大量的弹性应变能，这使其不如 M_1 稳定。相应的奥氏体成分 A_2 被认为不如 A_1 稳定。值得注意的是，只有 A_1 和 A_2 对回复力有贡献，而不是 A_0。

在情况 I （8%预应变）中，在热激励期间，$M_1 \rightarrow A_1$ 的转变发生，导致 σ_{re} 增加，当加热到 T_1（200℃）时，转变完全完成，因为在加热期间 σ_{re} 仍小于屈服强度。当冷却至 T_0 时，只有一小部分 $A_1 \rightarrow M_1$ 转变发生，这是由于 A_1 具有良好的热稳定性，相成分为 $A_0 + A_1 + M_1$，M_1 为次要成分。这解释了在 8%预应变的样品中冷却时，σ_{re} 仅轻微下降。

在情况 II （12%预应变）中，当预应变超过平台应变时，M_2 开始在应力平台结束时形成，即在应力诱导 M_1 完成后。加热至 T_1 后，$M_2 \rightarrow A_2$ 发生，A_2 的形成导致 σ_{re} 增加，直到 σ_{re} 达到屈服强度。在 T_1 时，相成分由 A_0、A_2 和残余 M_2 组成。在冷却至 T_0 的过程中，A_2 经历了正向相变，即 $A_2 \rightarrow M_2$。这会导致冷却后 σ_{re} 立即发生持续的应力松弛。在 T_0 时，相组分包括 $A_0 + A_2 + M_2$，在 8%预应变的样品中，有效奥氏体组分 A_2 的总量大于 A_1。这解释了 12%预应变样本的 σ_{rm} 高于 8%预应变样品。

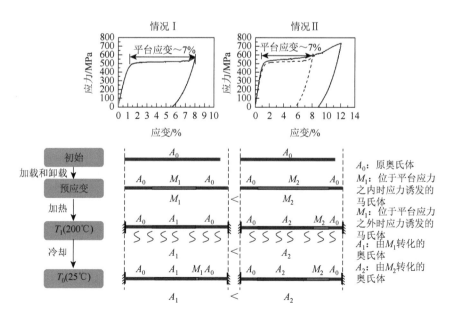

图 2-26　预应变为 8%和预应变为 12%的样品热循环期间相成分的演变

3. 与 NiTi-SMA 的对比

在本研究中，NiTiNb-SMA 的样品 S700 显示出 560 MPa 的 σ_{rm}。相比之下，在 NiTi-SMA 的研究中，在相同的预应变和加热条件下，在 700℃热处理的 NiTi-SMA 仅获得 300 MPa 的 σ_{rm}。这是因为 Nb 的加入在两个方面改变了 NiTi-SMA 基体的力学性能和相变行为：①屈服强度和②相变滞后。

Nb 的添加可以提高 NiTi-SMA 的强度，这是由于其引入了致密的双相界面，并且屈服强度随着 Nb 含量的增加而逐渐增加[36]。NiTi-SMA 的再结晶温度为 565℃[29]，在 600℃热处理的 NiTi-SMA 的屈服强度为 540 MPa，而在相同温度热处理的 NiTiNb-SMA 的屈服强度则为 1060 MPa。较高的屈服强度将增加热激励期间回复力的"应力上限"水平。

同时，Nb 的存在将影响 SMA 的相变行为。对于热马氏体相变，Nb 的存在降低了 NiTi-SMA 基体相的 Ni/Ti 原子比，这是由于两相之间的相互扩散，而 M_s 随着 Ni/Ti 的原子比降低而降低[37]。同时，相界面和韧性 Nb 相晶粒的存在显著增加了马氏体相前沿传播过程中位错的数量，这大大扩大了相变滞后。这提高了合金中回复力的温度稳定性。

分别选择了具有相似屈服强度的 NiTi-SMA 和 NiTiNb-SMA 样品的回复力曲线（NiTi-SMA 的样品编号为 S550-NiTi，NiTiNb-SMA 的样品编号为 S700-NiTiNb），如图 2-27 所示。从 σ_{max} 到 σ_{rm}，对于 S700-NiTiNb 和 S550-NiTi，分别降低了 191 MPa 和 385 MPa。S700-NiTiNb 具有较小的应力损失。根据 Piao 等[31]的观点，只有当晶界变形时，才能释放存储的弹性应变能。β-Nb 主要位于晶界。在变形过程中，β-Nb 的塑性变形有效地释放了弹性应变能，导致 NiTiNb-SMA 的奥氏体在冷却时

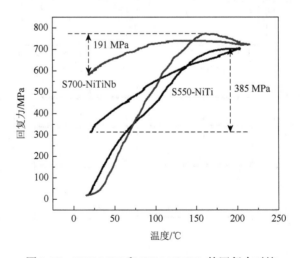

图 2-27　S550-NiTi 和 S700-NiTiNb 的回复力对比

稳定，并阻碍了正向转变的发生。因此，NiTiNb-SMA 的高 σ_{rm} 归因于更高的屈服强度和更多的塑性变形，从而释放更多的弹性应变能（阻碍正相变的发生），因此具有更高的温度稳定性。

2.6　Fe-SMA 回复力研究

2.6.1　Fe-SMA 的力学和相变行为

图 2-28 所示的是 Fe-SMA 力学和相变性质。图 2-28（a）显示的是 Fe-SMA 方形丝材的单轴拉伸曲线。从开始加载到 300 MPa 左右为弹性变形阶段，之后斜率变小，说明有相变发生，在 700 MPa 之后发生大量塑性变形，直到在应变为 57%的时候断裂，极限拉伸应力约为 1000 MPa。其弹性模量约为 150 GPa，而奥氏体态的 NiTi-SMA 和 NiTiNb-SMA 弹性模量约为 60 GPa。与二者相比，Fe-SMA 的单轴拉伸曲线没有相变平台，这是由于 NiTi 基 SMA（包含 NiTi-SMA 和 NiTiNb-SMA）发生的是热弹性马氏体相变，而 Fe-SMA 发生的是非热弹性马氏体相变[38]，热弹性马氏体相变的热滞小，因此在较小应力范围内发生相变，而非热弹性马氏体相变的热滞很大，变形过程中伴随大量的位错运动，加工强化作用显著，因此应力变化较大。

图 2-28（b）显示的是 Fe-SMA 的 DSC 曲线，其加热阶段的相变峰从–50℃一直到 200℃，而降温阶段的转变峰从 50℃一直到–120℃，说明升温和降温阶段，都是在很大的温区内实现的，说明正相变和逆相变的阻力都很大。

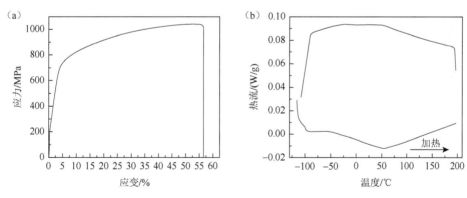

图 2-28　Fe-SMA 力学和相变性质

（a）单轴拉伸曲线，（b）DSC 曲线

2.6.2　预应变对回复力的影响

通过选择不同的预应变，研究预应变对 σ_{rm} 的影响，同时考虑到由于 Fe-SMA

作为非热弹性形状记忆合金在相变过程伴随着大量的塑性流动[39]，因此选择研究的预应变为从 1%一直到 5%的回复力。

图 2-29（a）显示了 Fe-SMA 在 1%～5%不同预应变下的加载-卸载应力-应变路径，加载时先发生弹性变形，后发生相变和塑性变形，而卸载阶段为曲线，这说明具有一定的超弹性，超弹性保持在 0～1%。图 2-29（b）显示的是残余应变与预应变的关系，随着预应变的增加，残余应变几乎呈线性增长。

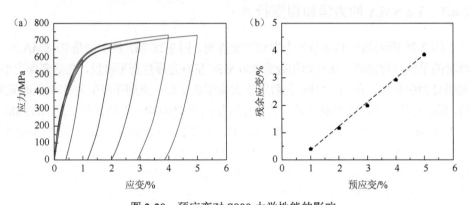

图 2-29　预应变对 S800 力学性能的影响

（a）不同预应变曲线，（b）残余应变时的加载-卸载应力-应变循环

为了理解预应变对马氏体相变温度的影响，在预应变过程后对样品进行了 DSC 测量。图 2-30（a）和图 2-30（b）分别显示了不同预应变的降温阶段和升温阶段的 DSC 曲线，从图中我们可知经过预应变之后的 DSC 曲线并无明显变化，这是由于 Fe-SMA 的相变为非热弹性马氏体相变，因为弹性应变能无法作为逆相变的驱动力，所以预应变导致的弹性应变能的改变无法改变相变的进程和临界温度。

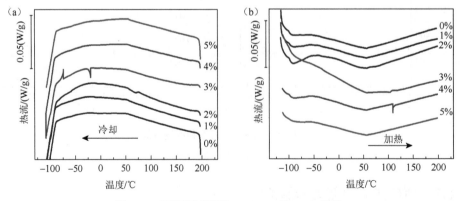

图 2-30　不同预应变的 Fe-SMA 的 DSC 曲线

（a）冷却 DSC 曲线，（b）加热 DSC 曲线

图 2-31 显示了具有不同预应变的 Fe-SMA 的回复力曲线。当预应变为 1%时，σ_{re} 从 23℃加热到 100℃时的过程中，从 23 MPa 降低到-23 MPa，之后在 100℃升高到 200℃的过程中，σ_{re} 缓慢上升到-14 MPa，此时说明逆相变产生的收缩开始大于热膨胀。在降温阶段，σ_{re} 单点上升，且斜率基本不改变，说明冷缩效应占据主导地位，正相变的松弛量较小，最后在室温时达到 184 MPa。当预应变为 2%时，加热阶段，σ_{re} 从 20℃的 18 MPa 降低到 37℃的 4.7 MPa，随着温度进一步升高，σ_{re} 升到 165℃的 34 MPa，继续加热时 σ_{re} 开始降低，这说明可转变马氏体的量开始减少，热膨胀效应开始大于逆相变的收缩，最终在 200℃时减小到 32 MPa，在降温阶段，从 200℃到 100℃之间，σ_{re} 几乎呈线性增加，但随着温度进一步降低，增长曲线的斜率降低，说明开始发生了正相变，最终到达室温时达到 223 MPa。

当预应变为 3%、4%、5%时，回复力曲线类似。以 3%为例，升温时，σ_{re} 从 22℃时的 18 MPa 降低到 60℃时的-10 MPa，此阶段说明热膨胀占主导作用，当温度大于 60℃时，σ_{re} 一直上升，直到 200℃时仍未见 σ_{re} 降低，或增长速度减慢的情况。可以预见的是，随着加热温度进一步升高，σ_{re} 将进一步上升。在降温阶段，σ_{re} 一直上升，降到 100℃时，其增长速度开始减慢，最终在室温升高到 255 MPa。

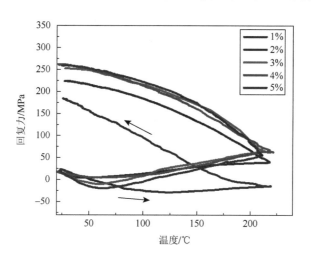

图 2-31 不同预应变试样的回复力（后附彩图）

图 2-32 总结了不同预应变下的室温回复力 σ_{rm}。可以看出，σ_{rm} 与预应变呈明显的关系，预应变小于 4%时，σ_{rm} 随预应变的增加而增加，当预应变超过 5%时开始降低。与 NiTi-SMA 和 NiTiNb-SMA 的规律类似，当预应变过小（即应力诱发马氏体相变的体积过小）以及预应变过大（产生大量塑性变形和位错）将会形成较小的 σ_{rm}。因此选择合适的预应变是材料能充分发挥性能的关键因素。

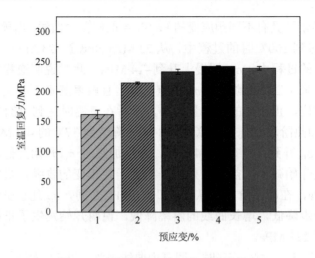

图 2-32　不同预应变值下的室温回复力

2.6.3　应力保持

　　由上述试验结果，在应力保持试验选择 4%预应变进行，试验结果如图 2-33 所示，经过加热和冷却循环后达到的 σ_{rm} 为 236 MPa，经过 30 min 的回复力下降到 225 MPa，这说明在温度回到室温后仍在发生应力诱发马氏体相变。

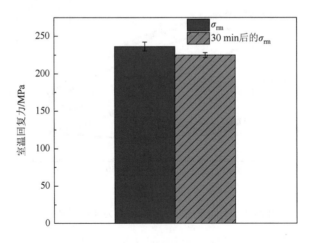

图 2-33　预应变为 4%样品的应力保持测试

2.6.4　低温对回复力的影响

　　对于 Fe-SMA 是否适用于严寒情况，本节将进行 Fe-SMA 的回复力低温试验，选择室温回复力最大的 4% 预应变进行低温试验，在热激励降温循环后，从室温降低到–40℃。其三次试验的测试结果如图 2-34 所示，从室温降低–40℃的过程中，回复力几乎呈线性增长，且比从 200℃回到室温过程的增长速度更快，这可能与降温速度有关。从最高温 200℃降低到–40℃的过程中，回复力一直呈上升趋势，这主要是由于 Fe-SMA 的高热膨胀系数，达到 $14.9 \times 10^{-5} ℃^{-1}$[40]，以及其高弹性模量。由试验数据可得 Fe-SMA 对于严峻低温条件下的应用对于 NiTi-SMA 具有明显的优势。

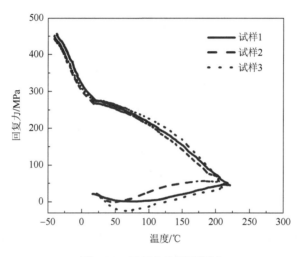

图 2-34　回复力的低温测试

2.6.5　讨论

以上试验研究了预应变对 Fe-SMA 室温回复力的影响，以及在室温下的应力保持、严酷的低温下的应力，SMA 显示出了优异性能，由于 NiTi-SMA 仍是商业化程度最高，最易获得的 SMA 产品，因此在表 2-5 对三种 SMA 的回复性能以及价格进行对比。表中的应力值都是取各试验得到的最大值。尽管 NiTiNb-SMA 可以得到最高的室温回复力，但是其价格十分昂贵，并且在–40℃的条件下出现了应力的下降，NiTi-SMA 显示出中等的回复力，其价格也居中，但是其相对较差的低温性能使其应用有很大的局限性，而 Fe-SMA 具有较低的室温回复力，但仍超过 200 MPa，其最大的优势是其优异的低温性能和相对低廉的价格。

其整个回复过程如图 2-34 所示，在加热过程中，且回复力始终呈现较小的值，而在降温过程一直上升，即使是从室温降低到–40℃，其回复力一直上升，这归功于其非热弹性马氏体相变的特征（即冷却无法发生正相变而导致应力松弛），以及较大的热膨胀系数。

表 2-5　三种 SMA 的回复性能及价格对比

种类	预应变/%	室温回复力/MPa	−40℃回复力/MPa	价格/(元/kg)
NiTi-SMA	>6	300	120	约 1000
NiTiNb-SMA	>8	560	300	约 2400
Fe-SMA	4	236	450	约 200

2.7　本章小结

本章探讨了 3 种形状记忆合金材料高回复力的来源，详细研究了热处理温度和预应变对 NiTi-SMA、NiTiNb-SMA 回复力性能的影响，同时探究了预应变对 Fe-SMA 回复力性能的影响。对于 NiTi-SMA 与 NiTiNb-SMA，试验分别获得了 300 MPa（S700 工况）、560 MPa（S700 工况）以上的高回复力，对于 Fe-SMA，在预应变 4%的时候获得了最大为 236 MPa 的室温回复力，并在−40℃获得了 450 MPa 的高回复力，具体主要结论如下：

（1）NiTi-SMA 与 NiTiNb-SMA 材料的力学性能对热处理温度非常敏感。对于 NiTi-SMA，当热处理温度提高到 500℃以上时，屈服强度降低，塑性显著提高。通过选择合适的热处理温度，可以在 300 MPa 和 1200 MPa 之间调节作为回复力"上限应力"的屈服强度；对于 NiTiNb-SMA，当热处理温度提高到 400℃以上时，冷加工 NiTiNb-SMA 丝材产品的屈服强度单调下降，而塑性逐渐增加，作为回复力"应力上限"的屈服强度可以通过选择热处理温度在 450 MPa 和 1500 MPa 之间调整，当热处理温度低于 650℃时，合金主要表现为超弹性，当热处理温度达到 650℃或以上时，合金主要表现为形状记忆效应。

（2）当 NiTi-SMA 再结晶过程完成后（500～600℃），马氏体相变由 B2⇔R 演化成 B2⇔B19′，可以相应地将相变的热滞后从 8℃调整到 38℃；而 NiTi-SMA 在热处理温度达到 650℃及以上时发生 B2⇔B19′转化，随着热处理温度的进一步升高，由于冷加工中位错的去除，相变变得更加突出。

（3）由于马氏体稳定化作用，NiTi-SMA 与 NiTiNb-SMA 材料在预应变过程后，应力诱发马氏体和奥氏体之间的相变滞后分别高达 110℃、196℃。增加的相变滞后有利于在热激活后保持较高的回复力。

（4）NiTi-SMA 与 NiTiNb-SMA 的预应变影响了其回复力性能。对于 NiTi-SMA，当样品在 800℃热处理时，在相对较大的预应变范围 6%～16%内，都显示出相当高的回复力性能，当预应变不足 4%时，只有 75 MPa 以下的低回复力，而超过 16%的预应变，回复力降低到 200 MPa 以下；NiTiNb-SMA 在小于 6%的预应变或大于 16%的预应变都显示出较低的回复力值，高回复力的最佳预应变应大于转变平台应变(8%)，而小于 12%。对于 S800，在 12%的预应变下获得 450 MPa的最大回复力。

(5) 与 NiTi-SMA 相比，NiTiNb-SMA 具有更高的屈服强度和更大的相变滞后，故更适合用于结构加固。

(6) Fe-SMA 的回复力与预应变有关，预应变不宜过高和过低，本试验的最优预应变为 4%。

(7) Fe-SMA 显示出良好的低温回复力性能，更能适用于严寒地区的应用，但在室温条件下回复力表现不稳定，在一段时间内会发生应力损失。

(8) Fe-SMA 与 NiTi-SMA 相比，具有更高的弹性模量，更好的低温性能，和更低的价格，是工程中作为加固应用的理想材料。

参 考 文 献

[1] Choi E，Kim Y W，Chung Y S，et al. Bond strength of concrete confined by SMA wire jackets[J]. Physics Procedia，2010，10：210-215.

[2] Choi E，Nam T H，Yoon S J，et al. Confining jackets for concrete cylinders using NiTiNb and NiTi shape memory alloy wires[J]. Physica Scripta，2010，2010（T139）：014058.

[3] Choi E，Cho S C，Hu J W，et al. Recovery and residual stress of SMA wires and applications for concrete structures[J]. Smart Materials and Structures，2010，19（9）：094013.

[4] Sadiq H，Wong M B，Al-Mahaidi R，et al. The effects of heat treatment on the recovery stresses of shape memory alloys[J]. Smart Materials and Structures，2010，19（3）：035021.

[5] Yuse K，Kikushima Y. Development and experimental considerations on SMA/CFRP hybrid actuator for vibration control[J]. Sensors and Actuators A：Physical，2005，122（1）：99-107.

[6] Lee J H，Choi E，Jeon J S. Experimental investigation on the performance of flexural displacement recovery using crimped shape memory alloy fibers[J]. Construction and Building Materials，2021，306：124908.

[7] Choi E，Jeon J S，Lee J H. Active action of prestressing on direct tensile behavior of mortar reinforced with NiTi SMA crimped fibers[J]. Composite Structures，2022，281：115119.

[8] Choi E，Ostadrahimi A，Lee Y，et al. Enabling shape memory effect wires for acting like superelastic wires in terms of showing recentering capacity in mortar beams[J]. Construction and Building Materials，2022，319：126047.

[9] Li Y F，Mi X J，Yin X Q，et al. Constrained recovery properties of NiTi shape memory alloy wire during thermal cycling[J]. Journal of Alloys and Compounds，2014，588：525-529.

[10] Choi E，Ostadrahimi A，Lee J H. Pullout resistance of crimped reinforcing fibers using cold-drawn NiTi SMA wires[J]. Construction and Building Materials，2020，265：120858.

[11] Abdy A I，Javad Hashemi M，Al-Mahaidi R. Fatigue life improvement of steel structures using self-prestressing CFRP/SMA hybrid composite patches[J]. Engineering Structures，2018，174：358-372.

[12] Choi E，Ho H V，Jeon J S. Active reinforcing fiber of cementitious materials using crimped NiTi SMA fiber for crack-bridging and pullout resistance[J]. Materials，2020，13（17）：3845.

[13] Lim Y G，Kim W J. Characteristics and interrelation of recovery stress and recovery strain of an ultrafine-grained

Ni-50.2Ti alloy processed by high-ratio differential speed rolling[J]. Smart Materials and Structures, 2017, 26（3）: 035005.

[14] Xu Y, Otsuka K, Yoshida H, et al. A new method for fabricating SMA/CFRP smart hybrid composites[J]. Intermetallics, 2002, 10（4）: 361-369.

[15] Pan S S, Zou C Y, Zhang X, et al. The recovery stress of hot drawn and annealed NiTiNb SMA considering effect of temperature and cyclic loads: Experimental and comparative study[J]. Engineering Structures, 2022, 252: 113623.

[16] Shin M, Andrawes B. Experimental investigation of actively confined concrete using shape memory alloys[J]. Engineering Structures, 2010, 32（3）: 656-664.

[17] Zheng B T, El-Tahan M, Dawood M. Shape memory alloy-carbon fiber reinforced polymer system for strengthening fatigue-sensitive metallic structures[J]. Engineering Structures, 2018, 171: 190-201.

[18] El-Tahan M, Dawood M, Song G. Development of a self-stressing NiTiNb shape memory alloy（SMA）/fiber reinforced polymer（FRP）patch[J]. Smart Materials and Structures, 2015, 24（6）: 065035.

[19] Choi E, Nam T H, Yoon S J, et al. Confining jackets for concrete cylinders using NiTiNb and NiTi shape memory alloy wires[J]. Physica Scripta, 2010, 2010（T139）: 014058.

[20] El-Tahan M, Dawood M. Fatigue behavior of a thermally-activated NiTiNb SMA-FRP patch[J]. Smart Materials and Structures, 2016, 25（1）: 015030.

[21] Suhail R, Amato G, McCrum D. Heat-activated prestressing of NiTiNb shape memory alloy wires[J]. Engineering Structures, 2020, 206: 110128.

[22] Suhail R, Amato G, Chen J F, et al. Heat activated prestressing of NiTiNb shape memory alloy for active confinement of concrete sections[C]//Civil Engineering Research in Ireland 2016, Dublin, 2016.

[23] Choi E, Nam T H, Chung Y S, et al. Behavior of NiTiNb SMA wires under recovery stress or prestressing[J]. Nanoscale Research Letters, 2012, 7（1）: 66.

[24] Wang Z G, Zu X T, Feng X D, et al. Annealing-induced evolution of transformation characteristics in TiNi shape memory alloys[J]. Physica B Condensed Matter, 2004, 353（1-2）: 9-14.

[25] Khalil-Allafi J, Dlouhy A, Eggeler G. Ni_4Ti_3-precipitation during aging of NiTi shape memory alloys and its influence on martensitic phase transformations[J]. Acta Materialia, 2002, 50（17）: 4255-4274.

[26] Khalil Allafi J, Ren X, Eggeler G. The mechanism of multistage martensitic transformations in aged Ni-rich NiTi shape memory alloys[J]. Acta Materialia, 2002, 50（4）: 793-803.

[27] Radi A, Khalil-Allafi J, Etminanfar M R, et al. Influence of stress aging process on variants of nano-Ni4Ti3 precipitates and martensitic transformation temperatures in NiTi shape memory alloy[J]. Materials & Design, 2018, 142: 93-100.

[28] Abbasi-Chianeh V, Khalil-Allafi J. Influence of applying external stress during aging on martensitic transformation and the superelastic behavior of a Ni-rich NiTi alloy[J]. Materials Science and Engineering: A, 2011, 528（15）: 5060-5065.

[29] Kazemi-Choobi K, Khalil-Allafi J, Abbasi-Chianeh V. Investigation of the recovery and recrystallization processes of $Ni_{50.9}Ti_{49.1}$ shape memory wires using in situ electrical resistance measurement[J]. Materials Science and Engineering: A, 2012, 551: 122-127.

[30] Cho G B, Kim Y H, Hur S G, et al. Transformation behavior and mechanical properties of a nanostructured Ti-50.0Ni（at.%）alloy[J]. Metals and Materials International, 2006, 12: 181-187.

[31] Piao M, Otsuka K, Miyazaki S, et al. Mechanism of the A_s Temperature Increase by Pre-deformation in

Thermoelastic Alloys[J]. Materials Transactions JIM，1993，34（10）：919-929.

[32]　Font J，Cesari E，Muntasell J，et al. Thermomechanical cycling in Cu–Al–Ni-based melt-spun shape-memory ribbons[J]. Materials Science and Engineering：A，2003，354（1-2）：207-211.

[33]　Feng Z W，Mi X J，Wang J B，et al. Effect of annealing temperature on the transformation temperature and texture of $Ni_{47}Ti_{44}Nb_9$ cold-rolled plate[J]. Advanced Materials Research，2012，557-559：1281-1287.

[34]　Sun M Y，Fan Q C，Wang Y Y，et al. Influence of annealing temperature on microstructure and shape memory effect in austenite-martensite duplex $Ni_{47}Ti_{44}Nb_9$ rolled sheets[J]. Materials Characterization，2021，178：111186.

[35]　Sun G A，Wang X L，Wang Y D，et al. In-situ high-energy synchrotron X-ray diffraction study of micromechanical behavior of multiple phases in $Ni_{47}Ti_{44}Nb_9$ shape memory alloy[J]. Materials Science and Engineering：A，2013，560：458-465.

[36]　Jiang S Y，Liang Y L，Zhang Y Q，et al. Influence of addition of Nb on phase transformation，microstructure and mechanical properties of equiatomic NiTi SMA[J]. Journal of Materials Engineering and Performance，2016，25：4341-4351.

[37]　He X M，Rong L J，Yan D S，et al. TiNiNb wide hysteresis shape memory alloy with low niobium content[J]. Materials Science and Engineering：A，2004，371（1-2）：193-197.

[38]　Sawaguchi T，Maruyama T，Otsuka H，et al. Design concept and applications of Fe–Mn–Si-based alloys—from shape-memory to seismic response control[J]. Materials Transactions，2016，57（3）：283-293.

[39]　雷竹芳，刘志超. 铁基形状记忆合金相变规律的研究[J]. 舰船科学技术，2002（S1）：42-44，64.

[40]　Fritsch E，Izadi M，Ghafoori E. Development of nail-anchor strengthening system with iron-based shape memory alloy（Fe-SMA）strips[J]. Construction and Building Materials，2019，229：117042.

第3章 SMA 粘贴与疲劳性能

SMA 粘贴加固为预应力主动加固方式,预应力产生的来源为 SMA 材料本身,因此相较于传统加固,SMA 粘贴加固技术成功的关键不仅要确保 SMA 与加固材料之间的良好锚固,还要保证加固后的 SMA 材料所产生的回复力能够长久稳定保持,以及 SMA 材料自身在高预应力状态下具备良好的疲劳性能。因此,分析 SMA 的粘接性能、SMA 材料在带预应力状态下的回复力损失与疲劳性能演化规律十分重要。本章将开展 SMA 与粘接胶材的界面性能试验研究,具体分为拔出试验与单向剪切试验,其中拔出试验针对采用 SMA/CFRP 复合贴片的加固方式,单向剪切试验针对直接使用 SMA 板材粘贴的加固方式;同时开展带预应力 SMA 材料在不同疲劳荷载幅值下的疲劳加载试验并检测预应力损失状况。本章以第 2 章研究为基础(包括最佳热处理温度、最佳预变形等相关参数),研究内容可为后续各类 SMA 加固钢构件、混凝土构件的相关研究提供指导。

3.1 SMA 拔出试验研究

SMA 和 CFRP 的结合已经被证明为一种可靠且性能良好的加固形式,SMA 与 CFRP 通过胶层的剪切变形来传递荷载,而两种材料能可靠地协同工作的关键是材料与胶层都不脱粘。若在施加预应力过程和构件使用过程出现脱粘,即在夹层中引入了裂纹发展点,这将大大降低贴片的加固效能。本节针对这一问题,研究不同材料类型、不同处理方式的 SMA 丝的拔出行为。

3.1.1 胶层中 SMA 丝的拔出行为

根据有关 SMA/CFRP 复合贴片的拔出试验研究[1-2],构件的破坏界面总是在 SMA 表面的胶层,并且从端部开始脱粘,然后发展到整个长度,SMA/CFRP 贴片的破坏是以 SMA 丝被拔出为最终结果,其拔出过程是以端部为起点逐步向外扩展的过程,在复合贴片达到极限荷载时,极限荷载大于脱粘荷载,这是由于脱粘后的机械咬合和摩擦力仍能提供可观的抵抗力。

对于丝材从基层中拔出的应力分布,Fu 等[3]采用三层圆柱体进行力学分析,丝

材是中心半径为 a 的圆柱，丝材与胶层构成第二个半径为 b 的圆柱，丝材与胶层和外界的约束构成半径为 c 的圆柱，该种划分方式相对合理，本研究中的拔出试件组成也为三部分，具体包括拔出纤维（SMA）、埋置基体（胶体）、外层复合物（CFRP）。

3.1.2　试验方法

1. 试验材料

拔出试验共使用三款 SMA 材料，分别是 NiTi-SMA、NiTiNb-SMA 和 Fe-SMA，其中 NiTi-SMA、NiTiNb-SMA 采用第 2 章介绍的热处理方式（Fe-SMA 无需热处理即已具备回复力效果），对于 SMA 丝材的表面处理为喷砂，所采用的喷砂设备为法耐 9080 型手动喷砂机 [图 3-1（a）]，采用的砂为 16 目棕刚玉，喷砂的气压为 7 kgf/cm²[①]，喷砂时间为 100 s，喷砂过程要尽量均匀。其中对于 Fe-SMA 的打磨棱边处理，采用的是阿斯咖打磨设备，如图 3-1（b）所示。为制作 SMA/CFRP 复合贴片，试验所采用的材料除了测试的 SMA 外，还使用了粘结胶与 CFRP。对于胶的选择，试验采用卡本的结构浸渍胶（由于其优异的流动性，减少贴片制作过程中形成的大型气孔），CFRP 选用卡本 300 g Ⅰ 级碳纤维布，具体如图 3-2 所示。所采用材料的力学性质如表 3-1 所示，其中浸渍胶的性能由国家建筑材料质量监督检验中心检验，CFRP 的性能由国家化学建筑材料测试中心测试。

（a）
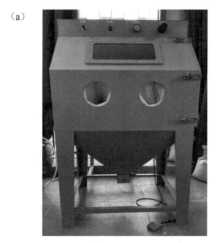
（b）

图 3-1　SMA 丝材处理用具

（a）喷砂机，（b）打磨设备

---

① 1 kgf/cm² = 9.80665×10⁴ Pa

（a）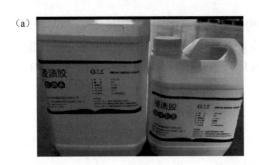　（b）

图 3-2　拔出试验使用的胶材与碳纤维材料

（a）浸渍胶，（b）碳纤维布

表 3-1　浸渍胶和 CFRP 的力学性能

材料	弹性模量/GPa	抗拉强度/MPa	伸长率/%
浸渍胶	2.9	60	3.4
CFRP	240	3500	1.7

对试验的 SMA 进行分组编号，为了表示方便，下文将以编号代指试件。分组编号表如表 3-2 所示，各组试件如图 3-3 所示，其中 Ni 代表 NiTi-SMA，Nb 代表 NiTiNb-SMA，Fe 代表 Fe-SMA，O 代表未处理，B 代表喷砂，C 代表切割，R 代表打磨棱边，每组试件均为 3 个。

表 3-2　样品分组与编号

组别	处理条件描述	样品编号
Ni-O	冷加工态 NiTi，经过热处理后淬火	Ni-O-1，Ni-O-2，Ni-O-3
Ni-B	在 Ni-O 基础上进行喷砂处理	Ni-B-1，Ni-B-2，Ni-B-3
Nb-O	冷加工态 NiTiNb，经过热处理后淬火	Nb-O-1，Nb-O-2，Nb-O-3
Nb-B	在 Nb-O 基础上进行喷砂处理	Nb-B-1，Nb-B-2，Nb-B-3
Fe-C	切割态 Fe-SMA	Fe-C-1，Fe-C-2，Fe-C-3
Fe-C-B	在 Fe-C 基础上进行喷砂处理	Fe-C-B-1，Fe-C-B-2，Fe-C-B-3
Fe-C-R	在 Fe-C 基础上打磨棱边	Fe-C-R-1，Fe-C-R-2，Fe-C-R-3
Fe-C-B-R	结合 Fe-B 和 Fe-R 的处理	Fe-C-B-R-1，Fe-C-B-R-2，Fe-C-B-R-3

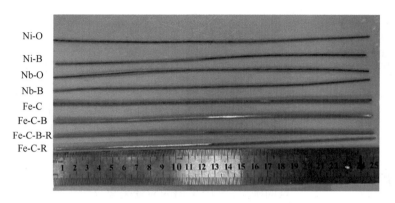

图 3-3　各组 SMA 样品示意图

2. 试件制作

为了研究三种材料的拔出性能，即测出脱粘强度、极限强度、拔出位移。由于影响因素较多，本试验主要探究表面处理对于 SMA 粘接强度的影响。对于埋置长度的选择，Wang 等[4-5]通过理论计算得出 SMA 的脱粘强度当达到传力距离后与埋置长度无关，因此无法通过无限增大粘结长度来实现脱粘强度的提高。达到脱粘强度的最小埋置长度通常为 25 mm 左右[2]，同时考虑到拉力机夹具尺寸等因素进行尺寸的设计，具体制作模具和尺寸如图 3-4 所示。如图 3-4（a）所示，为了保证贴片的厚度一致，本试验采用厚度为 1 mm 的塑料板拼成厚度为 3 mm 的挡板，保证做成的贴片厚度约为 3 mm，在模板制成后，喷洒氟素脱模剂（环氧树脂脱模剂）。拔出样品的尺寸如图 3-4（b）所示，其主要分为 4 个部分，分别为：SMA 丝、嵌固段、过渡段、夹持段。

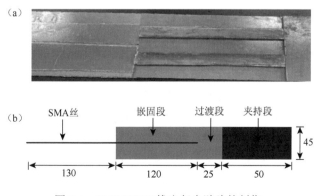

图 3-4　SMA/CFRP 拔出复合贴片的制作

（a）模具挡板，（b）拔出样品的平面尺寸（单位：mm）

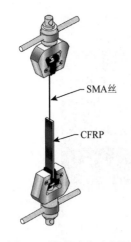

图 3-5　拔出试验示意图

3. 试验方案

拔出试验采用三思泰捷 CMT5504 高低温万能试验机进行测试，拔出速度为 5 mm/min，其拔出示意图如图 3-5 所示，贴片端部夹持 50 mm，SMA 丝夹持 50 mm。对于试验过程的应力和位移等参数可由万能试验机测得，SMA 脱粘会首先发生在端部，因此对端部的应力进行监测可得出脱粘应力。通过在端部粘贴应变的方式进行脱粘点的确定，其中采用的应变采集仪为东京测器的 TDS-540 静态采集仪，如图 3-6（a）所示，应变片的安装如图 3-6（b）所示，对于数据的采集需要集成模块，即位移、应力、应变需同时采集，同时记录。

（a）　　　　（b）

图 3-6　脱粘应力采集

（a）应变采集仪，（b）应变片粘贴的位置

3.1.3　试验结果

1. 喷砂前 NiTi-SMA 丝拔出试验结果

按照前述分组，喷砂前 NiTi-SMA 丝拔出试验对应 Ni-O 组样品，其拔出应力-位移曲线如图 3-7（a）所示，Ni-O 组样品 Ni-O-2 和 Ni-O-3 拔出曲线相似，在加载开始至 2 mm 的过程中，应力呈线性增加，很明显，这是由于 NiTi 丝的弹性变形所致，之后的曲线开始出现平台段，位移不断增加，而应力几乎不变，这是由于应力诱发马氏体相变导致的，临界应力在 350 MPa 附近波动。在位移达到 5 mm 左右时，应力开始上升，这是由于相变结束后的材料硬化，随后到达一个较大的值后突然降低，之后又出现平台段，最终在位移为 20 mm 处破坏，Ni-O-2、Ni-O-3 对应的脱粘应力分别为 325 MPa、334 MPa。图 3-7（b）显示的是 Ni-O-1 应力-位移曲线和端部 CFRP 应变-位移曲线，由图可以看出，CFRP 端部的应变先是随着宏观应变线性增加，这对应了胶层的弹性变形，然后当应变达到最大之后

在很短的位移内（1 mm）发生明显降低，这说明了在应变消散点，也就是端部发生了脱粘。脱粘时对应的 NiTi 丝应力为 330 MPa，这个值小于该试件的平台应力。Ni-O-1 试件与 Ni-O-2 和 Ni-O-3 有所不同，Ni-O-1 在拔出过程中并未出现第二个平台段，因此平台段所代表的拔出过程和性质需要进一步研究，这将在后续内容中（图 3-9）中进行讨论。

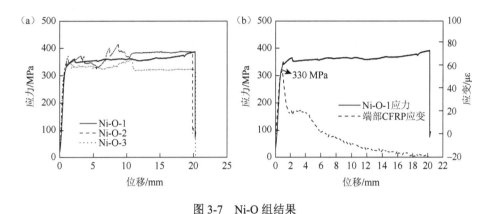

图 3-7　Ni-O 组结果

（a）Ni-O 组试件拔出曲线，（b）Ni-O-1 试件应力-位移、端部 CFRP 应变-位移曲线

为研究 SMA 与 CFRP 之间的滑移过程，在 N-O-3 试件端部加设了一个引伸计（图 3-8），引伸计一端连接 CFRP，另一端连接端部 SMA，所测的变形为端部 SMA 与距离端部 25 mm 处的 CFRP 的变形差。由图 3-7（a）所知，NiTi 丝的拔出极限荷载最大约为 400 MPa，假设全部荷载由 CFRP 承担，所采用的 CFRP 布厚度为 0.137 mm，宽度为 45 mm，长度为 195 mm，弹性模量为 240 GPa，应力沿长度方向均匀分布，则在引伸计范围内产生的变形约为 0.003 mm，几乎可忽略不计，引伸计所测得的变形即为胶体的变形与 SMA 拔出长度之和。

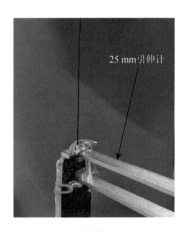

图 3-8　引伸计安装示意图

N-O-3 的试验结果如图 3-9 所示，图 3-9（a）显示了 SMA 应力、万能试验机端部位移、引伸计位移与时间的关系，由图可知，万能试验机端部的位移远大于引伸计位移，说明复合贴片主要的变形发生在裸露在外的 SMA 丝处，即 SMA 相变也主要发生在该位置。当完全脱粘后，万能试验机端部的位移与引伸计的位移曲线平行，这说明此阶段为 SMA 的完全滑动，在

开始滑动到最终破坏仍能保持一段时间，其滑动过程的机械咬合和摩擦作用产生的抵抗力仍十分可观，约为极限拔出荷载的 85%，这便是脱粘后拔出应力仍能上升的原因。放大位移坐标系，去除万能试验机端部位移，获得图 3-9（b）显示的SMA 应力和引伸计位移与时间的关系，可看出在完全脱粘之前，引伸计的位移曲线与 SMA 的应力曲线很类似，即在完全脱粘前，复合贴片仍能根据外力变化进行相应的反应。脱粘发生在相变平台之前，在脱粘之后仍然能正常工作，这是因为 SMA 丝在发生相变，承担了主要的变形，而当相变完成后，应力开始继续上升，到达完全脱粘应力后，胶层便不能约束 SMA 而整体发生脱粘，此时抵抗外力作用的是机械咬合和摩擦，由于拔出位移不断增加，以及拔出通道孔壁的不断恶化，贴片破坏。对于 Ni-O-1 试件来说，未出现第二个平台段，这是由于完全脱粘后由胶层所提供的摩擦和咬合力不足以提供足够的抵抗力而马上完全滑动。

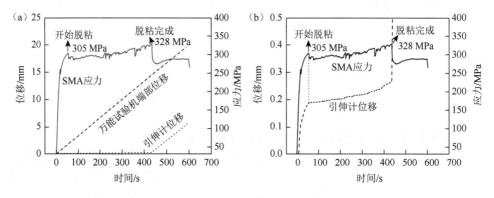

图 3-9　Ni-O-3 结果

（a）SMA 应力、万能试验机端部位移、引伸计位移与时间的关系，（b）SMA 应力、引伸计位移与时间的关系

2. 喷砂后 NiTi-SMA 丝拔出试验结果

Ni-B 组为喷砂处理的 NiTi 丝，其拔出结果如图 3-10 所示，图 3-10（a）为拔出曲线，Ni-B-1 由加载开始到 1 mm 左右为 NiTi-SMA 丝的弹性变形，之后在位移为 1 mm 到 5 mm 之间发生相变的过程，位移在 5 mm 到 7 mm 之间应力快速增加，从 320 MPa，增大到 420 MPa，这是由于相变结束后的马氏体进入弹塑性阶段，位移继续增大时，应力增加速度变慢，这是由于持续脱粘导致的。最后在位移为 20 mm 处破坏。Ni-B-2 与 Ni-O-2 相似，在完全脱粘后出现了平台段，可以确定此平台段为完全脱粘后的滑动。Ni-B-3 和 Ni-B-2 的拔出曲线类似，不同的是在最大应力突降后未出现平台段。图 3-10（b）显示的是 Ni-B-1 样品拔出过程的 SMA 应力与端部 CFRP 应变的关系，可以看出，与未喷砂的 NiTi-SMA 丝拔出试验结果相比，经过喷砂处理后的 NiTi-SMA 丝，脱粘发生的位移明显增大，其脱粘应力约为

430 MPa，这个值大于相变平台应力，与未喷砂的样品相比，提高了约 100 MPa。试件 N-B-2 和 N-B-3 的脱粘强度分别为 421 MPa，414 MPa，均匀性较好。

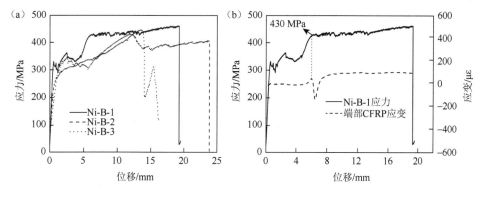

图 3-10　Ni-B 组结果

（a）Ni-B 组试件拔出曲线，（b）Ni-B-1 试件应力-位移、端部 CFRP 应变-位移曲线

3. 喷砂前 NiTiNb-SMA 丝拔出试验结果

Nb-O 组喷砂前的 NiTiNb-SMA 丝制作的拔出试件，试验结果如图 3-11 所示。图 3-11（a）显示的是 3 个试件的拔出曲线，Nb-O-1 从加载开始到位移为 0.7 mm 的过程中，应力位移曲线呈线性，继续加载，在曲线上出现了一个 30 MPa 的明显应力降，这说明脱粘的部分产生（可观测到的明显脱粘），之后应力-位移曲线弯曲，说明有材料屈服或是相变的发生，在加载到位移为 1.2 mm 时进入相变平台阶段，平台结束后应力开始上升，在 672 MPa 时应力突降，后续的加载导致应力继续下降直到破坏。Nb-O-2 与 Nb-O-1 的曲线类似，但是它们未完成相变就已经

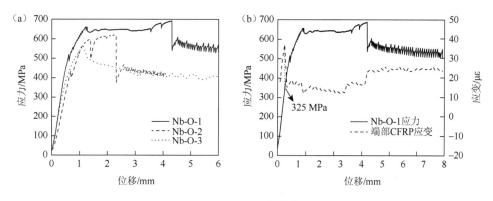

图 3-11　Nb-O 组结果

（a）Nb-O 组试件拔出曲线，（b）Nb-O-1 试件应力-位移、端部 CFRP 应变-位移曲线

发生明显的应力突降，Nb-O-3 未达到相变平台应力就已经完全滑移。图 3-11（b）为 B-O-1 试件的拔出应力与端部 CFRP 应变的关系，通过对应关系，确定其脱粘强度约为 325 MPa，此脱粘强度远小于曲线应力下降段对应的最终数值（约 500 MPa），说明曲线可以观察到的应力下降段，已经是脱粘发展一段时间的结果，Nb-O-2 和 Nb-O-3 对应的脱粘应力分别为 319 MPa、334 MPa。

4. 喷砂后 NiTiNb-SMA 丝拔出试验结果

Nb-B 组为 NiTiNb-SMA 丝喷砂处理后制作的拔出试件，图 3-12 为 Nb-B 组的拔出曲线，由图 3-12（a）可知，3 个试件的拔出曲线类似，从加载开始到位移为 1 mm 过程，应力-位移曲线呈线性增加，之后进入相变阶段，相变结束后应力继续升高到，最后三个样品都是在 600 MPa 左右破坏，拔出曲线与 Nb-O 组对比较为平滑，且极限荷载更大，在应力达到最大后直接进入整体滑移。图 3-12（b）为 Nb-B-1 样品的 SMA 应力与端部 CFRP 应变的关系，对应的脱粘应力为 476 MPa，其余两个试件的脱粘荷载为 424 MPa 和 434 MPa，与未喷砂的 Nb-O 组相比，提高了 100 MPa 以上，且可达到的最大位移更大。

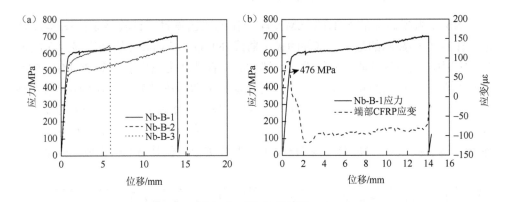

图 3-12　Nb-B 组结果
（a）Nb-B 组试件拔出曲线，（b）Nb-B-1 试件应力-位移、端部 CFRP 应变-位移曲线

5. 喷砂前 Fe-SMA 条拔出试验结果

Fe-C 组为喷砂前未打磨边缘的 Fe-SMA 条制作的试件，是由 Fe-SMA 板通过线切割获得，其截面为边长 1.5 mm 的正方形，因几何形状的缘故，相较于丝材，其粘接荷载相对更大。拔出试验结果如图 3-13 所示。其各试件拔出曲线如图 3-13（a）所示，与 NiTi-SMA 不同的是，Fe-SMA 无相变平台，因此在拔出曲线上也没有平台段，从加载开始到位移 2 mm 时，应力几乎呈线性增长，在之后随着大量塑性变形的引入，曲线变得弯曲，在 Fe-C-2 和 Fe-C-3 的曲线上出现了明显的应力

下降的状况,说明脱粘的发生和发展,拔出过程中的极限强度大于 900 MPa,拔出位移除了 Fe-C-1 之外都超过了 25 mm,这是由于 Fe-C-1 在达到最大应力后就开始了整体滑移。图 3-13(b)是 Fe-C-1 试件的拔出应力与端部 CFRP 应变的关系,端部 CFRP 应变在达到峰值之前基本呈线性,这与 Fe-SMA 的弹性段有良好的对应关系。达到最大值后开始降低,这说明了该测点脱粘的发生。得出的脱粘强度为 372 MPa,其余两个试件的脱粘应力分别为 352 MPa、384 MPa。

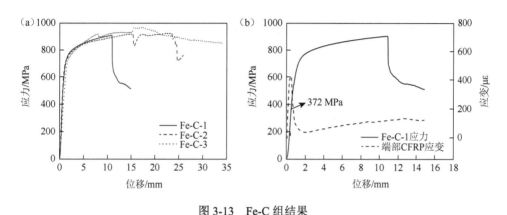

图 3-13 Fe-C 组结果

(a)Fe-C 组试件拔出曲线,(b)Fe-C-1 试件应力-位移、端部 CFRP 应变-位移曲线

6. 喷砂后 Fe-SMA 条拔出试验结果

Fe-C-B 组为喷砂后未打磨边缘的 Fe-SMA 条制作的试件,其拔出试验结果如图 3-14 所示。图 3-14(a)为 3 个试件的拔出曲线,此曲线与 Fe-SMA 的单轴拉伸曲线十分相似,即先经过弹性变形,后进入塑性变形,Fe-C 组相比,其曲线更

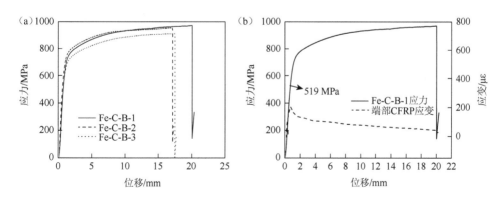

图 3-14 Fe-C-B 组结果

(a)Fe-C-B 组试件拔出曲线,(b)Fe-C-B-1 试件应力-位移、端部 CFRP 应变-位移曲线

光滑，说明其脱粘过程更平缓，在达到最大荷载后马上发生整体滑移。图3-14（b）为Fe-C-B-1拔出应力与端部CFRP应变的关系，得到的脱粘强度为519 MPa，其余两个样品的脱粘强度为489 MPa、506 MPa，比Fe-C组提高了约140 MPa。

7. 打磨边缘后Fe-SMA条拔出试验结果

Fe-C-R组为打磨边缘的Fe-SMA条制作的试件，由于试件截面为正方形，本组试验旨在探究棱角对粘结力的影响。图3-15（a）为Fe-C-R组拔出曲线图，与Fe-C和Fe-C-B组相比，除了Fe-C-R-1试件外，都出现了很大的拔出位移，若继续拔出，位移会进一步增加，其破坏形式更具有延性，但拔出极限荷载与其余两组相比较小，图3-15（b）为Fe-C-R-1试件应力与端部CFRP应变的关系，得到的脱粘应力为350 MPa，与极限荷载一样，均小于Fe-C和Fe-C-B组，这很大程度归因于打磨棱角减小了试件表面积。

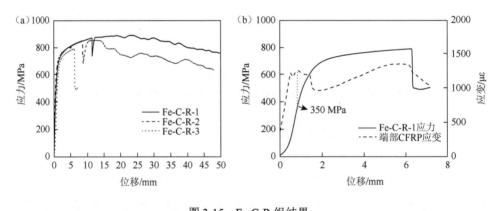

图3-15　Fe-C-R组结果

（a）Fe-C-R组试件拔出曲线，（b）Fe-C-R-1试件应力-位移、端部CFRP应变-位移曲线

8. 打磨边缘加喷砂后Fe-SMA条拔出试验结果

由上述内容可知，喷砂可以提高Fe-SMA的脱粘应力，打磨棱角能适当的提高延性，本组试验通过喷砂加打磨棱角的处理，验证是否可以结合两种处理方式的优势，既能提高材料脱粘应力又能增大试件延性。图3-16（a）为Fe-C-B-R组3个试件的拔出曲线，其破坏形式与Fe-C-B组类似，但是极限荷载更低，这是由于打磨棱角减少表面积导致。图3-16（b）为Fe-C-B-R-1应力与端部CFRP应变的关系，得到的脱粘应力为450 MPa，与Fe-C-R组相比，提高了100 MPa，但比Fe-C-B组小70 MPa，同时试件的延性并未得到有效提升，因此打磨边缘与喷砂共同处理并未得到更好的效果。

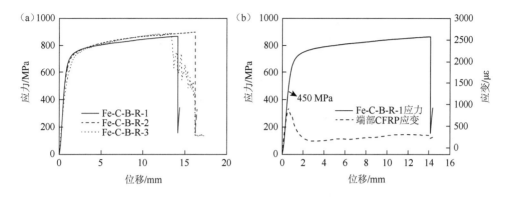

图 3-16　Fe-C-B-R 组结果

（a）Fe-C-B-R 组试件拔出曲线，（b）Fe-C-B-R-1 试件应力-位移、端部 CFRP 应变-位移曲线

3.1.4　性能对比

1. 拔出过程

以上试验研究了不同 SMA，以及不同处理方法对粘接荷载的影响，经过上述研究分析 SMA 丝的拔出过程，SMA 丝的拔出过程以及抵抗外力的应力组成可简化为如图 3-17 所示的模型，其中图 3-17（a）展示的是两种不同类型的 SMA 丝的拔出曲线，可分为有相变平台的 NiTi-SMA 和无相变平台的 Fe-SMA。图 3-17（b）展示的是 SMA 在拔出过程中其抵抗力的成分组成，其中定义固定端为 FD，拔出端为 PD。

如图 3-17（a）所示，SMA 丝的拔出可以分为四个阶段：O 到 a，此阶段 SMA 丝与胶层未脱粘，其中 a 为脱粘点，这对应于图 3-17（b）的 Ⅰ 阶段，此时端部的应力达到了界面可承受的最大剪应力。a 到 b 为脱粘发展阶段，此阶段应力可继续升高，这是由于脱粘后 SMA 丝与胶层仍保持较大的咬合和摩擦作用，其抵抗力组成对应于图 3-17（b）的 Ⅱ 阶段。b 到 c 阶段是完全脱粘状态，完全脱粘的发生，产生了明显的应力降，其抵抗力组成对应于图 3-17（b）的 Ⅲ 阶段，此时是完全脱粘。c 到 d 段为 SMA 从胶层的拔出滑动过程，其抵抗力组成对应于图 3-17（b）的 Ⅳ 阶段，这对应着 SMA 整体的滑动，SMA 丝的拔出位移迅速加大。其中对于有相变平台的 SMA，如 NiTi-SMA、NiTiNb-SMA，其脱粘点为 a_1 或 a_2，这取决于脱粘强度与平台应力的大小关系，如 Ni-O 组，脱粘应力小于平台应力，而 Ni-B 组由于喷砂导致脱粘应力增大，因此其脱粘出现在相变平台之后。而对于 NiTiNb-SMA 样品，由于其平台应力较大，因此 Nb-O 组、Nb-B 组的脱粘应力都小于相变平台。

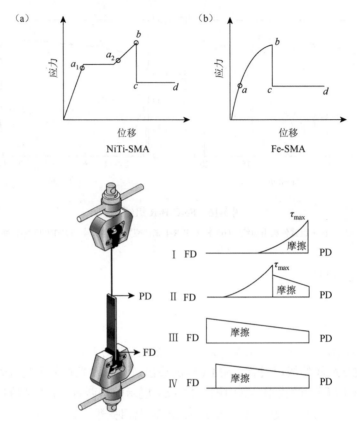

图 3-17　SMA 丝的拔出过程与抵抗力组成

(a) 拔出过程，(b) 抵抗力组成

　　值得指出，NiTi-SMA 的相变特征是非均匀型相变，其局部的变形均为相变应变（近 9%），这导致当应力诱发相变时，胶体的弹性变形无法匹配 SMA 的相变变形，故出现了应力集中和脱粘裂纹。而 Fe-SMA 的相变是一种伴随大量位错运动的微观均匀型相变，在相变过程中引入大量塑性变形[6]，因此其相变受阻，相变应变比较小（未形成明显的应力平台），所以在复合材料界面处与胶体的变形差异较小，变形同步性更强，可以在较高应力下避免应力集中，故裂纹较晚出现。

2. 脱粘强度的提高方式

　　对于 NiTi-SMA 和 NiTiNb-SMA 试件，未作处理时，两种材料的脱粘强度接近，约为 330 MPa，通过喷砂处理，两种材料的脱粘强度可提高 100 MPa 左右。对于 Fe-SMA 样品，未做处理就显示出较大的脱粘强度，为 375 MPa，通过喷砂处理，其脱粘强度可提高 150 MPa 左右，而做了棱角磨平处理的样品脱粘应力反而降低，这是由于磨平过程中减小了表面积。通过喷砂，增加了表面积，同时增大机械咬合作用，从而提高了脱粘强度，Ni-O 组和 Ni-B 组样品的表面形态如图 3-18 所示，可以看出 Ni-B 组的表面明显比 N-O 组更粗糙。

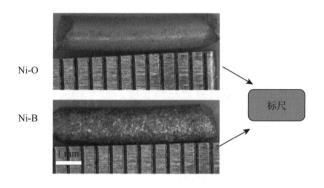

图 3-18　N-O 和 N-B 组的表面形态

几组样品脱粘时的平均剪切应力如表 3-3 所示，可以发现 Fe-SMA 的脱粘平均剪切应力大于 NiTi-SMA。由于三种材料的形状并不相同，因此具有不同的表体比，考虑与胶层连接的侧面的平均剪切引力比较几组样品的粘接能力，经过处理的样品仍按原几何形状进行计算。我们可以发现 Fe-SMA 脱粘时的平均剪切仍大于 NiTi-SMA。考虑第 2 章对于回复力的研究，NiTi-SMA 和 Fe-SMA 可以充分利用，而对于 NiTiNb-SMA 来说尽管其最大的室温回复力同脱粘应力相近，但是在加热过程中其瞬间回复力会超过脱粘应力，因此无法充分利用，改进的方式可考虑改变形状，增大表体比。

表 3-3　各组试件的脱粘强度和脱粘时平均切应力

试件组	Ni-O	Ni-B	Nb-O	Nb-B	Fe-C	Fe-C-R	Fe-C-B	Fe-C-B-R
脱粘强度/MPa	325	430	330	446	375	354	523	463
脱粘平均切应力/MPa	0.68	0.90	0.69	0.93	1.17	1.11	1.63	1.43

3.2　SMA/钢界面性能研究

SMA 粘结加固钢构件的薄弱环节是粘结界面。本节研究了 SMA 板粘贴至钢材表面后的界面剪切性能，制作了相应的单向剪切试件，在 SMA 板预拉伸前、预拉伸后和预拉伸后热激励使其带预应力三种状况下进行静力加载试验，推导其粘结-滑移关系，计算 SMA/钢界面剪应力，分析界面破坏模式。

3.2.1　试验方法

1. 试件设计

单剪试件设计如图 3-19 所示，NiTi-SMA 板粘贴在钢板的中间，自由端预留 10 mm 空白区，其余长度为粘结区域，NiTi-SMA 板的长度为 400 mm，在试件设计中，为保证粘结界面长度达到有效粘结长度，参考相关研究，本单剪试件的设计粘结长度为 300 mm，多出的 100 mm NiTi-SNA 板伸出钢板之外作为加载端，并取加载端前 50 mm 作为夹持区域。根据本课题组对 CFRP/钢粘结界面的研究经验，本节将粘结剂的厚度设计为 1 mm。其中粘贴长度为 300 mm，宽度为 15 mm，厚度为 1 mm。采用 Q345 钢板制作单剪试件夹具，钢板基体的长度 310 mm，宽度为 100 mm，厚度为 15 mm，在其边缘位置加工了 8 个直径 10 mm 的螺孔，以便能够将试件固定在单剪夹具上。

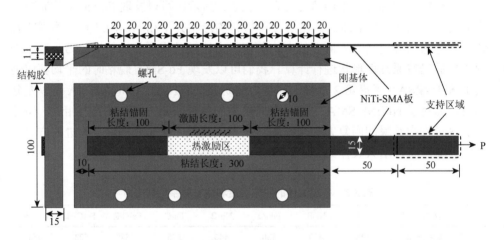

图 3-19　单剪试件和应变测点示意图（单位：mm）

2. 试件制备

单剪试件的主要制备流程如图 3-20 所示，主要分为以下步骤：NiTi-SMA 退火处理、NiTi-SMA 与钢板喷砂处理、NiTi-SMA 预拉伸处理、限位、控制胶层厚度、粘贴 NiTi-SMA 板并配重压实。完成上述步骤后，待胶层凝固完成，对 SMA 板进行热激励使其产生回复力。在制备单剪试件时，钢板和 NiTi-SMA 板的表面粗糙度处理（喷砂处理）是单剪试件制备过程中十分关键的步骤，NiTi-SMA 和钢表面处理的好坏会直接影响单剪试验结果的准确性。如果其表面粗糙处理得不到位，则会导致钢板/粘结剂、NiTi-SMA 板/粘结剂之间的胶接力变小，从而降低试件粘结界面的抗剪承载力。下面对材料的表面处理工艺及相关粘贴细节进行详细介绍。

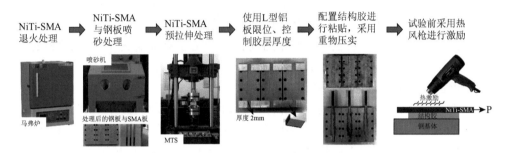

图 3-20 　 单剪试件制备流程

1）钢板表面处理

（1）划线：在需要粘贴 NiTi-SMA 板的区域做标记，即为划线区域。

（2）打磨：清除钢板表面的锈迹或者氧化物。

（3）喷砂：所采用的法耐 9080 型手动喷砂机与 SMA 丝拔出试验使用的设备一致（详见图 3-1），喷砂的气压为 7 kgf/cm^2，在粘贴 NiTi-SMA 板的划线区域喷 60 s，在喷砂的过程中尽量均匀，喷砂采用的砂为 16 目棕刚玉。

（4）清洗：喷砂结束后，再用棉球蘸取酒精将粘结表面彻底清洗干净，晾置干燥，保证粘结质量。

2）NiTi-SMA 板表面处理

（1）退火：将 NiTi-SMA 板置于 700℃ 的温度下 20 min，再取淬火（水冷）。

（2）划线：标记出需要进行粗糙处理的区域。

（3）喷砂：在对 SMA 板进行喷砂时需要注意的是，需要对 SMA 板的两个面都进行喷砂处理，这是因为在喷砂过程中 SMA 会由于高温和砂材的高速冲击变形，因此 SMA 板的两个表面都需要进行喷砂处理，以保证 SMA 板喷砂处理后其形状不发生变化。

（4）清洗：喷砂结束后，再用棉球蘸取酒精将粘结表面彻底清洗干净，晾置干燥。

3）粘贴 NiTi-SMA 板

在对 NiTi-SMA 板和钢板进行喷砂处理之后，会形成一个粗糙、干净、有化学活性的表面，因此应立即将 NiTi-SMA 板粘贴到钢板上，不宜超过 24 h，粘贴 NiTi-SMA 板的过程如下。

（1）划线：标记出粘贴区域。

（2）粘贴区域外贴透明胶带。因为在使用粘结剂粘贴 NiTi-SMA 板与钢板时，粘结剂由于其流动性会溢出部分，若不粘贴胶带，溢出的粘结剂则会紧紧粘贴在钢板上，在进行单剪试验时，溢出的粘结剂会提供部分剪应力，从而造成试验误差。粘贴胶带后，溢出的粘结剂流到胶带上，而胶带与钢板的粘结力很小，在单剪试验中不会产生附加剪应力，从而降低试验误差。

（3）配制粘结剂：将试件所需粘结剂 A 胶与 B 胶按质量比 7∶1 的比例进行配置，然后再加入质量分数为 1%的玻璃球，采用低速、单向的方式充分搅拌，而且应避免在搅拌的过程中产生气泡。

（4）涂粘结剂：用塑料刮刀让粘结剂均匀涂抹在钢板和 SMA 板的粘结上，粘贴 SMA 板，挤压 SMA 板，使多的粘结剂外溢，将粘结层厚度控制在 1 mm。

（5）控制粘结层厚度：提前使用厚度为 2 mm 的特制铝板粘贴至粘贴区旁，在完成上一步之后使用重物对铝板和 SMA 板表面进行下压，这样可以使 SMA 板与铝板表面位于同一平面，进而保证胶层的厚度为 1 mm，同时清除周围多余的溢出胶体。

（6）固化：将制作完成的试件放置在恒温恒湿的标准养护室养护，固化时间为 7 d。

制备完成的单剪试件如图 3-21 所示。

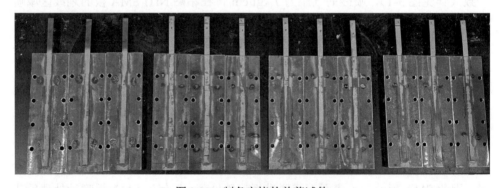

图 3-21　制备完毕的单剪试件

3. 试验方案

本节采用的单剪试验装置与加载现场如图 3-22 示，主要由四部分组成，分别是顶板、底板、螺杆、拉杆。其中，拉杆和底杆焊接在一起并固定于万能试验机上，顶板的作用提供刚度，防止试件在拉伸过程中发生变形，螺杆将顶板和底板连接在一起形成一个框架。试验加载采用万能试验机进行，加载采用位移控制，速度为 0.3 mm/min，直至试件发生破坏。在单剪试验测试中，需要的获得的指标与参数主要有：界面的极限承载力、界面滑移量、界面应变分布状态。参数与指标的初始数据通过万能试验机和静态采集仪获取，而后进行后续相关计算，试件的应变片布置如图 3-19 所示，应变片布置在 SMA 板表面的中线上，之后再 SMA 板上每隔 20 mm 布置一个应变片，共布置 15 个应变片。

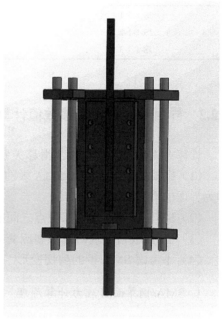

图 3-22　加载现场与单剪试验装置示意图

试验主要以 SMA 板是否预拉伸、是否带预应力为研究变量，探究预拉伸前后、带预应力前后的界面粘接性能，共设置 9 个试件分为 3 组，所进行的处理分别是：不进行预拉伸、预拉伸（9%预拉伸）后不热激励、预拉伸后热激励，试件以 JS-A-B-C 的形式进行编号，A 代表是否预拉伸，这里设置 0 为不进行预拉伸、1 为预拉伸；B 代表是否带预应力，这里同样设置 0 为不带预应力、1 为带预应力；C 为相同试件的编号每组 3 个，分别定为 1、2、3。各试件的具体分组与编号详见表 3-4。

表 3-4　试件分组

组号	试件编号	数量/个	是否预拉伸	预拉伸比例	是否带预应力
1	JS-0-0-1 JS-0-0-2 JS-0-0-3	3	否	0	否

组号	试件编号	数量/个	是否预拉伸	预拉伸比例	是否带预应力
2	JS-1-0-1 JS-1-0-2 JS-1-0-3	3	是	9%	否
3	JS-1-1-1 JS-1-1-2 JS-1-1-3	3	是	9%	是

3.2.2　界面剪应力与滑移数值计算

计算 SMA/钢界面的粘结-滑移关系时首先做出如下假定：

（1）钢板的刚度远大于 SMA 板的刚度，忽略钢板的变形，即 SMA 板的位移即为界面的滑移。

（2）SMA 板上两个相邻测点之间的应变呈线性分布。

（3）SMA 板自由端的位移和应变恒定为零。

（4）不考虑 SMA 板的剪切变形

1. SMA/钢界面剪应力计算原理

SMA/钢界面剪应力不可以直接通过测量得到，通过在 SMA 板上布置应变片，然后通过 SMA 板上的轴向应变分布，再通过差分的方法计算求得 SMA/钢界面的剪应力，以下是界面剪应力的计算原理。

在 SMA 板上取 dx 的微分段，其受力分析如图 3-23 所示。

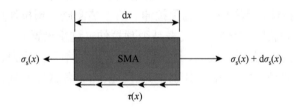

图 3-23　SMA 微分段平衡计算

根据微分段受力平衡，可列出力平衡方程为

$$\sigma_s(x)b_s t_s + \tau(x)b_s \mathrm{d}x = \left[\sigma_s(x) + \mathrm{d}\sigma_s(x)\right]b_s t_s \tag{3-1}$$

式中，$\sigma_s(x)$ 为 SMA 的轴向应力，单位 MPa；$\tau(x)$ 为界面剪应力，单位 MPa；

b_s 为 NiTi-SMA 板的宽度，单位 mm；t_s 为 NiTi-SMA 板的厚度，单位 mm。

整理得

$$\tau(x) = \frac{t_s \mathrm{d}\sigma_s(x)}{\mathrm{d}x} \tag{3-2}$$

根据试验获得 SMA 本构曲线拟合方程有

$$\sigma_s(x) = f\big[\varepsilon(x)\big] \tag{3-3}$$

将式（3-3）代入式（3-2）中可得

$$\tau(x) = \frac{\big[f(\varepsilon_i) - f(\varepsilon_{i+1})\big]t_s}{\mathrm{d}x} \tag{3-4}$$

试验中，当应变片尽可能密集布置时，相邻两个应变片之间的平均剪应力可近似认为是该点剪应力，即两个相邻应变片之间的 SMA 板与钢板界面的剪应力可由式（3-5）求得

$$\tau_{i+0.5} = \frac{\big[f(\varepsilon_i) - f(\varepsilon_{i+1})\big]t_s}{\Delta x} \tag{3-5}$$

式中，$\tau_{i+0.5}$ 为第 i 个测点与第 $i+1$ 个测点之间的平均剪应力，单位 MPa；ε_i、ε_{i+1} 为第 i 和 $i+1$ 个测点的应变值，单位 $\mu\varepsilon$；Δx 为第 i 和 $i+1$ 个测点之间的间距，单位 mm。

2. SMA/钢界面滑移量计算原理

SMA/钢界面上第 i 点的局部滑移量为 δ_i，是该点 SMA 板与钢板的相对位移。SMA 板和钢板界面滑移量的有两种获取方法：①在试验过程中布置位移计，然后直接通过位移计测量得到；②通过 SMA 板轴向应变积分得到，Yu 等[7]在试验中证明了这两种滑移量计算方法结果的一致性。因此这里采用第二种计算方法，该方法的计算原理如下。

SMA 板某点 x_i 处的滑移量 $\delta(x_i)$ 可以表示为前面一个点 x_{i+1} 处的滑移量 $\delta(x_{i+1})$ 与这两点之间的应变积分的和，即

$$\delta(x_i) = \delta(x_{i+1}) + \int_{x_{i+1}}^{x_i} \varepsilon(x)\mathrm{d}x \tag{3-6}$$

再根据上述假定（2）和（3），从自由端开始计算 SMA 板某点的滑移量，自由端的滑移量用 δ_{n+1} 表示，$\delta_{n+1} = 0$，自由端应变量用 ε_{n+1} 表示，$\varepsilon_{n+1} = 0$。因此公式（3-6）可以表示为

$$\delta_{i+0.5} = \delta_{n+1} + \sum_{i}^{n} \frac{(\varepsilon_{i+1} + \varepsilon_i)}{2} \Delta x \tag{3-7}$$

式中，$\delta_{i+0.5}$ 为第 i 个测点与第 $i+1$ 个测点中间的滑移量，单位 mm；n 为测点的个数。

3.2.3 试验结果及性能对比

1. 热激励结果

在开展单剪试验前需对 JS-1-1 组的 3 个试件进行热激励，使其产生回复力，以热激励前为初始标定状态，在热激励后等待恢复至室温（24℃）时，使用 DIC 对试件的 SMA 表面进行应变测量，获得相应的应变云图。

热激励完成后 JS-1-1 组（热激励组）的 3 个试件 SMA 上的应变分布如图 3-24 所示，由图可知：①SMA 板在热激励区与非热激励区交界处产生应力集中，出现较大正应变，左右两交界位置对称分布。②端部位置应变几乎为零，表明胶层锚固的有效性。③热激励区的应变相较于热激励与非热激励交界位置的应变更小，且出现负应变。热激励区与交界处产生上述应变分布的原因为：SMA 粘接在胶层表面，产生的回复力一部分通过胶层界面传递至钢材表面，另一部分传递至热激励与非热激励交界处，并在该位置累积，出现应力集中；热激励区因激发顺序的先后使变形产生时间差，进而产生负应变。

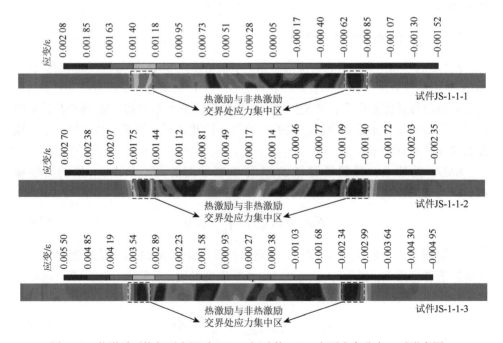

图 3-24 热激励后恢复至室温时 JS-1-1 组试件 SMA 表面应变分布（后附彩图）

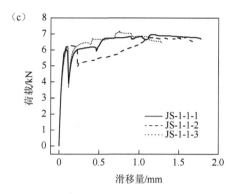

图 3-26　各组试件的荷载-滑移曲线

（a）JS-0-0 组，（b）JS-1-0 组，（c）JS-1-1 组

组的平均极限荷载最大，相较于 JS-0-0 和 JS-1-0 组增幅分别达 15%、17%。③热激励使单剪试件的荷载-滑移曲线出现二次上升，极限荷载增大。对于热激励后的单剪试件，由于界面存在预应力，在界面剥离至热激励与非热激励交界区时，存在的预应力成为一部分抵抗荷载，外荷载需抵消此部分荷载使界面继续剥离，故荷载在整体下降后出现上升，试件承载能力增强。

4. 粘结-滑移曲线

试件的粘结-滑移曲线表现了 SMA 板与钢界面的剪应力与滑移关系，各组试件的粘结-滑移曲线分别如图 3-27～图 3-29 所示。由图可知：①JS-0-0、JS-1-0 组

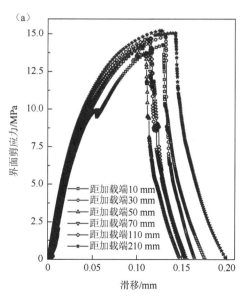

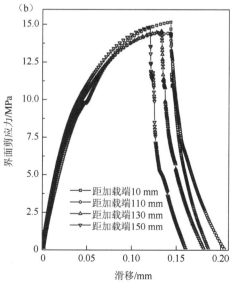

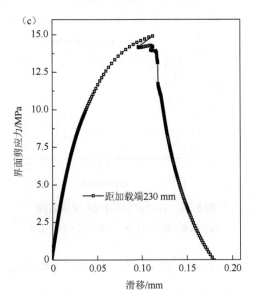

图 3-27　JS-0-0 组试件的粘结-滑移曲线

（a）JS-0-0-1，（b）JS-0-0-2，（c）JS-0-0-3

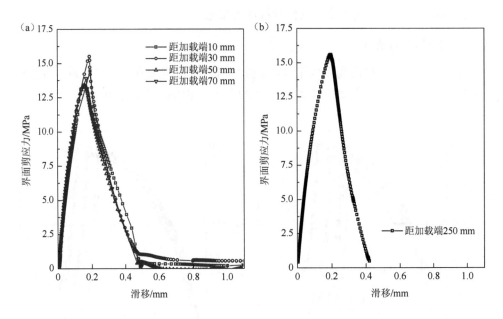

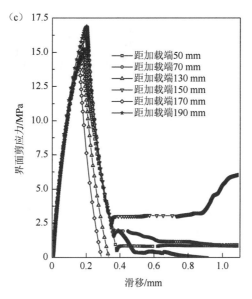

图 3-28　JS-1-0 组试件的粘结-滑移曲线

（a）JS-1-0-1，（b）JS-1-0-2，（c）JS-1-0-3

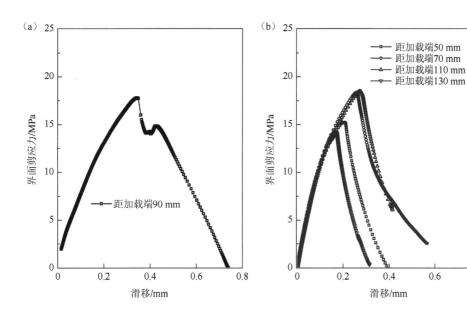

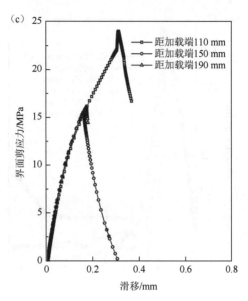

图 3-29　JS-1-1 组试件的粘结-滑移曲线

（a）JS-1-1-1，（b）JS-1-1-2，（c）JS-1-1-3

试件各位置的曲线形状与界面剪应力峰值基本一致，界面上任意位置的粘结-滑移关系基本接近一致。②各曲线在初始阶段界面剪应力随着滑移的增大而变大，在到达峰值后随着滑移的增大而减小。③JS-1-1 组中的 JS-1-1-2、JS-1-1-3 试件曲线形状虽然相似，但界面剪应力峰值差别较大。④JS-0-0 组、JS-1-0 组试件各位置的界面剪应力峰值对应滑移接近，JS-1-1 组对应的滑移则有所不同。

　　统计各组试件各位置的峰值界面剪应力与对应的滑移，具体如表 3-5 所示。由表可知：①与 JS-0-0 组相比，JS-1-0 组试件的峰值剪应力略有上升，对应滑移有所增大，这表明预拉伸使得 SMA 板受力时变形更为均匀，进而提升了加固系统的延性，增大了滑移值。②与 JS-0-0 组、JS-1-0 组相比较，JS-1-1 组的峰值剪应力有较大的提升，但同一试件各位置的峰值剪应力与对应的滑移值变化波动较大。

表 3-5　各组试件各位置的峰值界面剪应力与对应滑移详细统计

组号	试件编号	距加载端距离 /mm	峰值剪应力 /MPa	对应滑移 /mm	峰值剪应力均值 /MPa	对应滑移均值 /MPa
JS-0-0	JS-0-0-1	10	14.25	0.13	14.65	0.12
		30	15.00	0.13		
		50	14.20	0.11		
		70	14.56	0.11		
		110	14.68	0.11		
		210	15.20	0.13		

续表

组号	试件编号	距加载端距离 /mm	峰值剪应力 /MPa	对应滑移 /mm	峰值剪应力均值 /MPa	对应滑移均值 /MPa
JS-0-0	JS-0-0-2	10	15.13	0.14	14.71	0.13
		110	14.38	0.14		
		130	14.52	0.13		
		150	14.80	0.12		
	JS-0-0-3	230	14.91	0.11	14.91	0.11
JS-1-0	JS-1-0-1	10	14.44	0.19	14.30	0.18
		30	15.49	0.19		
		50	13.39	0.16		
		70	13.88	0.17		
	JS-1-0-2	250	15.56	0.20	15.56	0.20
	JS-1-0-3	50	15.24	0.19	15.67	0.19
		70	16.58	0.21		
		130	14.78	0.18		
		150	16.28	0.20		
		170	14.25	0.16		
		190	16.88	0.20		
JS-1-1	JS-1-1-1	90	17.78	0.34	17.78	0.34
	JS-1-1-2	50	15.25	0.20	16.57	0.23
		70	18.40	0.26		
		110	18.51	0.27		
		130	14.13	0.17		
	JS-1-1-3	110	24.06	0.31	18.60	0.21
		150	15.62	0.16		
		190	16.13	0.17		

　　结合前述内容（热激励结果）讨论 JS-1-1 组试件粘结-滑移关系的不同。因为热激励的作用，SMA 表面出现不平均的应力分布，其中端部 CFRP 应变接近零，以端部位置为起点，随着距离的增大，受拉应变逐渐增大，最终在热激励区与非热激励区交界处形成应力集中区，而后中间热激励区应变降低，同时存在压应变，以此发展为趋势，在另一侧对称结束。因此，在进行剪切试验时，胶层相当于在非均匀应力分布区渐次剥离，故而出现峰值剪应力与对应的滑移值变化波动较大的状况，且变化规律同 SMA 表面拉应力分布状况相一致，即拉应力大的位置峰值剪应力增大，拉应力小的位置峰值剪应力降低。

　　综合来看，热激励改变了 SMA 与胶层界面的应力分布，在热激励区与非热激励区交界处形成应力集中区，增大了试件的峰值剪应力，使同一试件各位置的峰值剪应力与对应的滑移值出现较大波动；但因为两端锚固区足够稳定，热激励并未降低试件的粘结稳定程度，反而在一定程度上提升了界面的平均峰值剪应力，使热激励后的粘接界面能够有效承载。

3.2.4　SMA/钢界面极限承载力

1. 界面极限承载力计算过程

界面极限承载力同界面断裂能有关，而界面断裂能可通过界面粘结-滑移关系获得。为进一步预测 SMA 板/钢界面的极限承载力，参考相关研究进行如下推导[8]：

界面的剪切变形 s，可以表示为 SMA 板和钢的相对位移，即

$$s = s_{\text{SMA}} - s_{\text{steel}} \tag{3-8}$$

式中，s_{SMA} 为 SMA 板的变形；s_{steel} 为钢的变形（钢材变形远小于 SMA 板，在此忽略）。

则 SMA 板应变可表示为

$$\varepsilon = \frac{\mathrm{d}s_{\text{SMA}}}{\mathrm{d}x} = \frac{\mathrm{d}s}{\mathrm{d}x} + \frac{\mathrm{d}s_{\text{steel}}}{\mathrm{d}x} = \frac{\mathrm{d}s}{\mathrm{d}x} \tag{3-9}$$

式中，ε 为 SMA 板的拉伸应变；s 为粘结界面的滑移量。

依据图 3-30 上选取的 $\mathrm{d}x$ 微分段受力平衡关系，可列出微分平衡方程

$$\frac{\mathrm{d}\sigma}{\mathrm{d}x} = \frac{\tau}{t} \Rightarrow \frac{\mathrm{d}\sigma}{\mathrm{d}\varepsilon}\frac{\mathrm{d}\varepsilon}{\mathrm{d}x} = \frac{\tau}{t} \tag{3-10}$$

式中，σ 为 SMA 板上的拉应力；τ 为粘结界面的剪应力；t 为 SMA 板的厚度。

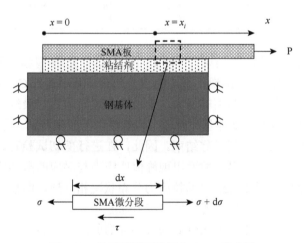

图 3-30　单剪模型示意图与 SMA 微分段

结合式（3-9）和式（3-10）得

$$\varepsilon \frac{\mathrm{d}\sigma}{\mathrm{d}\varepsilon}\frac{\mathrm{d}\varepsilon}{\mathrm{d}x} = \frac{\tau}{t}\frac{\mathrm{d}s}{\mathrm{d}x} \tag{3-11}$$

界面粘结长度大于有效粘结长度时，自由端（即 $x = 0$ 处）的边界条件如式（3-12）所示，沿界面加载方向随机一点处的应变和滑移量如式（3-13）所示

$$\varepsilon(0) = 0, \ s(0) = 0 \tag{3-12}$$

$$\varepsilon(x_i) = \varepsilon_i, \ s(x_i) = s_i \tag{3-13}$$

式中，s_i 为 $x = x_i$ 处的界面滑移量；ε_i 为 $x = x_i$ 处 SMA 的拉应变。

对式（3-11）从自由端（即 $x = 0$ 处）到 $x = x_i$ 处进行积分得

$$\int_0^{x_i} \varepsilon \frac{d\sigma}{d\varepsilon} \frac{d\varepsilon}{dx} dx = \int_0^{x_i} \frac{\tau}{t} \frac{ds}{dx} dx \Rightarrow \int_0^{\varepsilon_i} \varepsilon \frac{d\sigma}{d\varepsilon} d\varepsilon = \int_0^{s_i} \frac{\tau}{t} ds \tag{3-14}$$

界面断裂能 G_f 描述了界面剥离所需能量，可用界面粘结-滑移曲线所覆盖的面积表示（图 3-31），因此界面断裂能可以通过式（3-15）计算

$$G_{f,i} = \int_0^{s_i} \tau ds \tag{3-15}$$

式中，$G_{f,i}$ 为 $x = x_i$ 处的界面断裂能。

将式（3-15）代入式（3-14）得

$$G_{f,i} = t \cdot \int_0^{\varepsilon_i} \varepsilon \frac{d\sigma}{d\varepsilon} d\varepsilon \tag{3-16}$$

式中，$\frac{d\sigma}{d\varepsilon}$ 为 SMA 的切线模量。

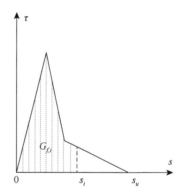

图 3-31　粘结-滑移曲线与界面断裂能示意图

进一步，通过 SMA 的应力-应变关系便可表示界面断裂能与应变之间关系。基于预拉伸前后 SMA 应力-应变曲线，提出 SMA 应力-应变本构曲线方程的两项指数表达式，具体如式（3-17）、式（3-18）所示

$$\sigma = a_1 \cdot e^{b_1 \cdot \varepsilon} + a_2 \cdot e^{b_2 \cdot \varepsilon} - a_1 - a_2 \tag{3-17}$$

$$\frac{d\sigma}{d\varepsilon} = a_1 \cdot b_1 \cdot e^{b_1 \cdot \varepsilon} + a_2 \cdot b_2 \cdot e^{b_2 \cdot \varepsilon} \tag{3-18}$$

式中，a_1，a_2，b_1，b_2 是需要拟合的系数。

两种状态的 SMA（预拉伸前后）的应力-应变模型中的系数如表 3-6，具体模型如图 3-32 所示。

表 3-6　预拉伸前后 SMA 应力-应变模型中的系数

SMA 状态	a_1	a_2	b_1	b_2
无预拉伸 SMA	−361.5	−15 760	−2.95	−0.000 778 5
预拉伸后 SMA	−8 988	−337.3	−0.001 713	−1.174

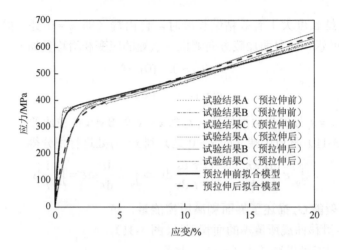

图 3-32　预拉伸前后 SMA 的应力-应变模型（后附彩图）

将式（3-18）代入式（3-16）并积分，得

$$G_{f,i} = t \cdot \left[\frac{a_1 \cdot e^{b_1 \cdot \varepsilon_i} \cdot (b_1 \cdot \varepsilon_i - 1)}{b_1} + \frac{a_2 \cdot e^{b_2 \cdot \varepsilon_i} \cdot (b_2 \cdot \varepsilon_i - 1)}{b_2} + \frac{a_1}{b_1} + \frac{a_2}{b_2} \right] = f_1(\varepsilon_i) \quad （3\text{-}19）$$

沿 SAM 的加载路径，SAM 所承受的轴向拉力为

$$F_i = \sigma_i \cdot A = f_2(\varepsilon_i) \quad （3\text{-}20）$$

式中，F_i 为 $x = x_i$ 处 SMA 的轴向拉力；σ_i 为 $x = x_i$ 处 SMA 的拉应力；A 为 SMA 板截面积。

将式（3-19）代入式（3-20）得式（3-21），使 SMA 加载路径上任意位置的界面断裂能同承载力联系。

$$F_i = f_2 \left[f_1^{-1}(G_{f,i}) \right] \quad （3\text{-}21）$$

转换式（3-21）得到式（3-22），该式便可根据界面承载力估算界面断裂能。

$$G_{f,i} = f_1 \left[f_2^{-1}(F_i) \right] \quad （3\text{-}22）$$

2. 界面极限承载力验证

依据前述内容，计算 SMA/钢界面极限荷载，相关计算结果同试验结果的对比如图 3-33 所示。由图可知，试验值同计算结果吻合良好，获得的关系曲线可用于预测不同断裂能状况下单剪试件的极限荷载。

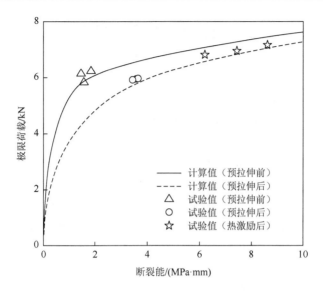

图 3-33   试件极限荷载计算值与试验值

3.3   SMA 材料的疲劳性能研究

同传统预应力加固类似，SMA 加固结构时的预应力损失同样是不可忽略的重要指标，SMA 预应力损失的大小往往会直接影响加固效果。针对 SMA 的预应力损失，本节设置了不同等级的疲劳荷载幅值，对带预应力状态下的 SMA 板开展了系列疲劳加载试验，获得了 SMA 的疲劳加载寿命与预应力损失状况，确定了实际加固过程中的确保预应力良好保持的关键疲劳参数。

3.3.1   NiTi-SMA 板力学与回复力性能

在对 SMA 板开展疲劳加载前先对其进行了静力加载确定了 SMA 板的力学性能参数，进一步在第 2 章的研究基础上获得了该款 SMA 材料的室温下最大回复力，用于后续的疲劳试验。试验选用的 NiTi-SMA 板在室温下表现为超弹性，要想获得它的回复力必须通过合适的温度处理使它由超弹性的性质向形状记忆效应转变，这也是对其进行热处理的原因（详见第 2 章内容）。本试验使用的 NiTi-SMA 板材料成分组成如表 3-7 示，所有成分中 Ni 的占比最多，达到 55.740%，其次是 Ti，达到了 44.136%，除了这两种主要成分之外，还包含 C、H、O、N 以及一些其他少量的金属成分。

表 3-7   试验使用的 NiTi-SMA 板材料成分

元素	Ni	Ti	C	H	O	N	Nb	Cu	Co	Cr	Fe
质量分数/%	55.740	44.136	0.040	0.001	0.037	0.001	0.025	0.005	0.005	0.005	0.005

有关退火、预拉伸前后 SMA 材料的应力-应变关系，第 2 章内容进行了详细介绍，这里仅针对本疲劳加载试验使用的 NiTi-SMA 板材料的应力-应变关系进行介绍，用于指导下一步的疲劳加载试验。如图 3-34 所示，将 700℃退火温度前后的 SMA 板拉伸至断裂，获得其应力-应变关系，由图可知退火增大了 SMA 的延性，小幅降低了 SMA 的极限强度，具体表现为：退火前 SMA 板的极限强度为 913 MPa，退火后降低为 855 MPa，降幅为 6.4%，退火前 SMA 板的延伸率仅为 7.5%，退火后变为 43%，增大了 4.73 倍，退火使材料出现约 338 MPa 的相变平台，同时 385 MPa 的屈服强度更为明显。由此可知退火在仅很小降低极限强度的同时大幅度提升了材料的延性，这主要是因为退火使材料产生相变平台，增强了材料的塑性，拉伸过程中 SMA 材料中的奥氏体向马氏体转换，产生了形状记忆效应。

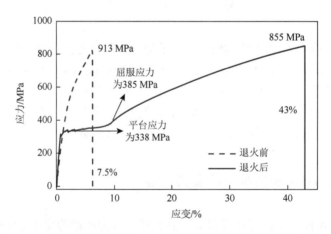

图 3-34   700℃退火温度前后 SMA 板拉伸至断裂对应的应力-应变关系

如图 3-35 所示，将 700℃退火温度后的 SMA 板拉伸至 9%的最佳预变形，而后将荷载恢复至初始状态，材料会产生约 6.8%的残余，这部分残余应变便是回复力的来源，从图中可以明显看出材料在相变平台结束后马上进入屈服状态，屈服强度对应 9%预变形，这表明需将材料拉伸至屈服强度对应的预变形，材料便可以获得良好的回复力，这一预变形数值位于第 2 章中材料的最佳预变形范围之内，同时超过 SMA 材料的相变平台。

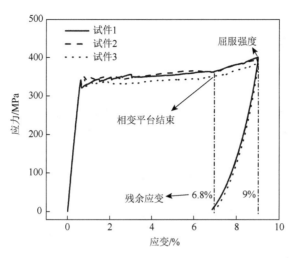

图 3-35　700℃退火后 SMA 板拉伸至 9%而后卸载对应的应力-应变关系

进一步，如图 3-36 所示，将 700℃退火温度后的 SMA 板拉伸至 9%的最佳预变形后，固定两端对其进行热激励，在 SMA 板上布设温度传感器获得热激励过程中板材表面的温度变化状况，同时，使用 MTS 拉力机读取整个热激励过程中 SMA 板的应力变化状况，待完全恢复至室温后，SMA 的最终回复力不再下降，保持稳定，将其确定为室温下的最佳回复力，根据回复力-温度关系可知 SMA 板在热激励过程中最高回复力接近其屈服强度，最高热激励温度约为 155℃，恢复至室温后，SMA 板的回复力仍能保持在 300 MPa 以上，这一应力值恰与材料相变平台对应的应力值接近。

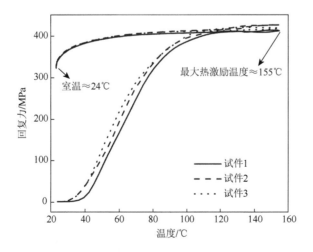

图 3-36　SMA 板回复力-温度关系

3.3.2　试验方法

1. 试验方案

在开展 SMA 板的疲劳加载试验前,要对试验使用的 SMA 板进行退火(700℃)、预拉伸(9%)处理,在对 SMA 板施加至目标预应变后,恢复荷载至零状态,也即达到图 3-30 所示应力-应变的最终状态,在此基础上不卸载疲劳加载试验机(MTS)的夹头,并设定此时的位置为初始状态,同时对 MTS 进行荷载与位移方面的平衡清零。进一步,使用 3.2 节中所示的热风枪为工具对 SMA 进行热激励,热激励时要保证 SMA 热激励区的每个位置均匀受热,为统一标准,每次热激励时间均设定为 50 s,同时热风枪的出口温度设定一致,数据证明,该热激励方式可以成功使 SMA 板达到最大峰值回复力(约为其屈服强度),热激励完毕后等待 SMA 恢复至室温(约 24℃),以 SMA 板的回复力不再下降,回复力曲线保持水平为标准,获得 SMA 在室温条件下的稳定回复力(图 3-36),整个过程持续约 800 s,在此期间 MTS 的荷载传感器全程读取 SMA 板的回复力数值。完成上述过程后,设定疲劳加载程序,对带回复力的 SMA 板开展疲劳加载,加载频率为 4 Hz,同时按预先设定好的疲劳次数停止疲劳恢复初始位置,并通过 MTS 的荷载传感器读取剩余回复力,如此循环直至 SMA 板最终断裂。

该疲劳加载程序的特征是加载时采用荷载控制,保证 SMA 达到预设的疲劳荷载幅值,读取剩余回复力时要通过位移控制保证 SMA 板回到疲劳加载前的带预应力初始位置,若是通过荷载控制读取剩余回复力,SMA 不会达到疲劳加载前的初始状态,因为 SMA 板在荷载回复至初始状态时,会残留一部分残余变形,甚至在疲劳幅值较大时,该初始荷载位置误差极大,后续的试验结果也证明了这一问题,而位移控制便可解决这一问题,保证 SMA 板恢复至初始状态。按照上述的疲劳加载方案,可以保证 SMA 时刻处于高预应力状态下接受疲劳,更为符合实际工程状况,但对疲劳加载试验机要求较高,需要其长期保持高油压状态。

2. 加载制度

如图 3-37 所示,试验共设置 5 个等级的应力幅,其中疲劳荷载下峰值保持不变,对应 SMA 板的初始带预应力状态,也即 SMA 板的平均回复力数值,疲劳荷载上峰值在下峰值的基础上按照 0.1~0.5 倍疲劳荷载下峰值逐级增加,将 5 个疲劳加载试件按照各自的疲劳应力幅分别命名为试件 S1~S5,5 个试件的应力幅 ΔS 分别为:34 MPa、67 MPa、101 MPa、134 MPa、167 MPa,按照应力比计算,5 个试件的应力比 R 分别为:0.1、0.2、0.3、0.4、0.5,试件具体的

荷载上峰、下峰值详见表 3-8；疲劳使用的 NiTi-SMA 板尺寸为 200 mm（长）×
15 mm（宽）×1 mm（厚），热激励区域长度为 150 mm，通过前期的材料性能试
验已得到该款 SMA 材料退火前后的弹性模量分别为 37.56 GPa、60.51 GPa，退火
后的 SMA 板具备 338 MPa 的相变平台和 385 MPa 的屈服强度。考虑各试验板材
回复力的均一性问题，为减小误差，在开展疲劳试验之前，通过 3.3.1 节的相关工
作测得该尺寸型号 SMA 试件的平均回复力（平均回复力 337 MPa 基本接近
338 MPa 的相变平台），以此作为疲劳荷载幅值的确定依据；因 SMA 材料温度敏
感性较高，因此试验过程中要保证试验室处于稳定室温（约 24℃）状态。

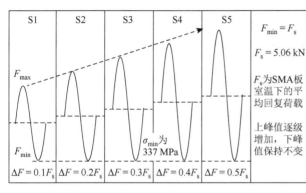
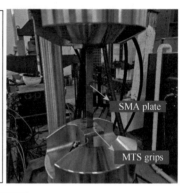

图 3-37　疲劳加载制度与加载现场

表 3-8　各等级疲劳荷载特征值

试件	应力幅（ΔS）/MPa	上峰值（F_{max}）/kN	下峰值（F_{min}）/kN	应力比（R）
S1	34	5.57	5.06	0.1
S2	67	6.07	5.06	0.2
S3	101	6.58	5.06	0.3
S4	134	7.08	5.06	0.4
S5	167	7.59	5.06	0.5

3.3.3　试验结果及性能对比

1. NiTi-SMA 板疲劳性能演化规律

SMA 板在高应力状态下的疲劳寿命均未超过 100 万次，S1～S5 试件的最终
疲劳寿命分别为 742 229、81 879、21 239、8003 和 5578 次，试件 S1、S2、S3 的
疲劳破坏体现了典型的三阶段破坏特征，即前期残余变形增长迅速、刚度退化明
显，中期稳定演化，后期突然断裂，图 3-38 和图 3-39 分别展示了各试件疲劳加

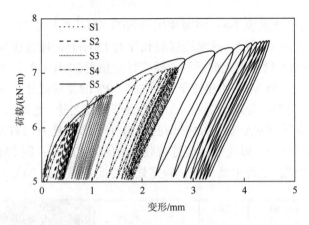

图 3-38　疲劳加载初期各试件荷载-变形关系（后附彩图）

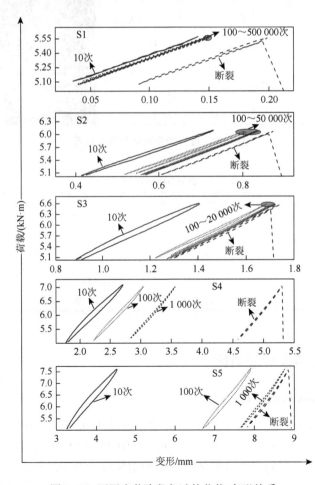

图 3-39　不同疲劳阶段各试件荷载-变形关系

载初期和不同疲劳阶段的荷载-变形演化曲线，在疲劳加载初期，随着应力幅的增加荷载的残余变形明显增大。全程的荷载-变形曲线表明随着疲劳次数的增加，各试件残余变形均是逐渐增大；对于试件 S4、S5，由于疲劳幅值较大，应力上峰值已超过材料本身的屈服强度，残余变形全程不断持续增长，刚度持续下降，故其疲劳寿命较低，均未超过 1 万次。

统计不同加载阶段时 SMA 板的峰值变形数值获得各试件的峰值变形-疲劳寿命关系曲线，如图 3-40 所示，试件 S1 在最终疲劳断裂前的峰值变形仅为 0.2 mm，且全程均未出现大幅度上升，相较于加载初期，峰值变形增量仅为 0.08 mm；试件 S2 的峰值变形变化规律同 S1 类似，其加载初期的峰值变形为 0.5 mm，在疲劳断裂前峰值变形为 0.9 mm，增量为 0.4 mm；试件 S3 的初始峰值变形为 0.9 mm，在疲劳断裂前峰值变形已经增长为 1.7 mm，且峰值变形的增长主要集中在疲劳加载前期（前 100 次疲劳加载），峰值变形增量已达到 0.8 mm；试件 S4、S5 的峰值变形数值变大，初始峰值变形超过 1 mm，全程大幅增长，峰值变形的具体表现为：分别由加载初期的 1.9 mm、2.8 mm 增长至后期的 5.3 mm、8.7 mm，增量分别为 3.4 mm、5.9 mm。随着疲劳幅值的增大，试件峰值变形增量变化巨大，峰值变形增量与试件的疲劳寿命呈反比关系，试件 S5 的峰值变形增量相较于 S1 增大了数百倍，其相应的疲劳寿命也出现大幅下降。

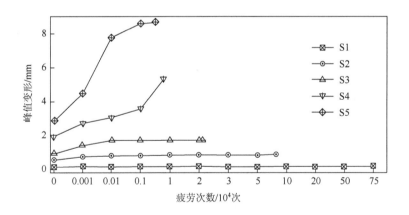

图 3-40　不同疲劳阶段各试件峰值变形-疲劳寿命关系

统计各试件的最终疲劳加载寿命，获得如图 3-41 所示的 S-N 曲线，以疲劳加载应力幅为标准，给出了带预应力状态下 NiTi-SMA 板的疲劳寿命预测公式。

2. NiTi-SMA 板回复力损失规律

统计不同疲劳加载阶段 SMA 板的剩余回复力状况获得如图 3-42 所示的不同疲

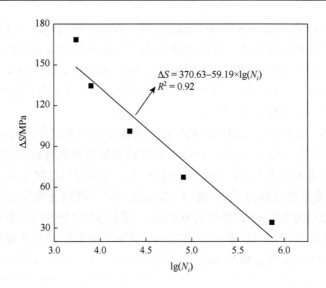

图 3-41 带预应力状态下 NiTi-SMA 板的 S-N 曲线

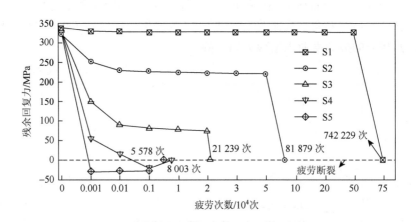

图 3-42 不同疲劳阶段各试件回复力损失状况

劳次数与 SMA 板回复力损失关系曲线。由图可知,试件 S1 在应力幅 $\Delta S = 34$ MPa 的疲劳荷载作用下,SMA 板回复力几乎不随疲劳次数的增加而改变,疲劳全过程回复力始终保持在初始值的 96%以上,直至最终疲劳断裂;试件 S2 在应力幅 $\Delta S = 67$ MPa 的疲劳荷载作用下,SMA 板回复力在前 10 次疲劳加载时便下降至初始值的 80%以下,而后保持稳定,稳步小幅下降,最终断裂前残存 65%初始值的回复力;试件 S3 在应力幅 $\Delta S = 101$ MPa 的疲劳荷载作用下,SMA 板回复力在前 10 次疲劳加载时下降更多,仅剩余初始值的 44%,而后同样保持稳定,小幅下降,最终断裂前残存 22%初始值的回复力;试件 S4、S5 在更大的应力幅

（$\Delta S = 134\,\text{MPa}$、$167\,\text{MPa}$）作用下，SMA 板塑性疲劳变形显著，回复力剧烈损失，在断裂前已没有剩余回复力存在。由此可知，应力幅越大，SMA 板回复力损失量越大，回复力损失值在疲劳加载前期较快，后期逐渐趋于平稳。

根据 SMA 板的疲劳性能演化规律与回复力损失状况可知，高应力状态下，SMA 板的塑性疲劳变形是导致其回复力损失的主要原因，试件的残余变形越大，回复力损失越严重。各试件中，仅有试件 S1 回复力几乎没有产生下降，各试件的回复力 σ_{min} 基本同相变平台一致，以材料的屈服应力为分界点，当试件的最大峰值应力 σ_{max} 小于它的屈服应力时回复力基本不会损失，当最大峰值应力 σ_{max} 超过材料的屈服应力时，回复力会迅速损失。

3.4　本 章 小 结

本章在第 2 章研究基础上探究了 SMA 材料的粘贴与疲劳性能。通过 SMA 丝的系列拔出试验证明拔出过程的变形主要是 SMA 丝承担，SMA 丝的拔出过程可分为 SMA 未脱粘、SMA 脱粘发展、SMA 完全脱粘、SMA 拔动滑出四个阶段，同时喷砂处理可有效地提高 SMA 的脱粘强度。通过 SMA/钢界面单剪试验，分析了界面破坏模式与粘结-滑移关系，对比了预拉伸前后、热激励前后界面粘结-滑移关系的区别，证明了 SMA 板在热激励后带预应力状态下界面粘结的可靠性，计算了 SMA 板/钢界面极限承载力，并进行了验证。通过带预应力状态下的 NiTi-SMA 疲劳加载试验证明 SMA 的疲劳性能与疲劳寿命随着疲劳幅值的增加而下降，以材料的屈服应力为分界点，当试件的最大峰值应力小于它的屈服应力时，回复力基本不会损失；当最大峰值应力超过材料的屈服应力时，回复力会迅速损失。上述研究结果可为 SMA 加固受损结构的参数设定方面提供借鉴与参考。

参 考 文 献

[1] Dawood M，El-Tahan M W，Zheng B. Bond behavior of superelastic shape memory alloys to carbon fiber reinforced polymer composites[J]. Composites Part B：Engineering，2015，77：238-247.

[2] Zheng B T，El-Tahan M，Dawood M. Shape memory alloy-carbon fiber reinforced polymer system for strengthening fatigue-sensitive metallic structures[J]. Engineering Structures，2018，171：190-201.

[3] Fu S Y，Yue C Y，Hu X，et al. Analyses of the micromechanics of stress transfer in single- and multi-fiber pull-out tests[J]. Composites Science and Technology，2000，60（4）：569-579.

[4] Wang Y L，Zhou L M，Wang Z Q，et al. Analysis of internal stresses induced by strain recovery in a single SMA fiber-matrix composite[J]. Composites Part B：Engineering，2011，42（5）：1135-1143.

[5] Wang Y L，Zhou L M，Wang Z Q，et al. Stress distributions in single shape memory alloy fiber composites[J]. Materials and Design，2011，32（7）：3783-3789.

[6]　雷竹芳, 刘志超. 铁基形状记忆合金相变规律的研究[J]. 舰船科学技术, 2002 (S1): 42-44, 64.

[7]　Yu T, Fernando D, Teng J G, et al. Experimental study on CFRP-to-Steel bonded interfaces[J]. Composites Part B: Engineering, 2012, 43 (5): 2279-2289.

[8]　Li L Z, Chatzi E, Ghafoori E. Debonding model for nonlinear Fe-SMA strips bonded with nonlinear adhesives[J]. Engineering Fracture Mechanics, 2023, 282: 109201.

第 4 章 SMA 加固带裂纹钢板研究

前述章节讲述了 SMA 的回复力机制、SMA 与 CFRP 的粘贴性能及疲劳性能，验证了 SMA 作为加固材料的优越性。为进一步探索 SMA 和 CFRP 对局部裂纹的修复效果，本章将采用 SMA 和 CFRP 对带裂纹钢板（包括斜裂纹）进行复合加固，探讨静力和疲劳荷载作用下 SMA/CFRP 复合加固带裂纹钢板的失效模式、加固效果和提升机制。

4.1　抗拉承载力试验与疲劳性能试验方案

4.1.1　试件制作

本章中，通过三种加固方法共制备了四组试件，总计 39 个，具体分类如表 4-1 所示。试件组别如下：①未加固钢板试件（包括无裂纹和有裂纹试件）；②仅采用 CFRP 进行修复的带裂纹钢板试件；③仅采用 SMA 贴片进行修复的带裂纹钢板试件；④采用 SMA/CFRP 复合修复的带裂纹钢板试件。其中未加固的带裂纹钢板试件为对照组。

试件的几何尺寸如图 4-1 所示，除了裂纹的倾斜度之外，所有钢板的尺寸保持一致。钢材等级为 Q235，其测得的弹性模量、屈服强度和抗拉强度分别为 208.54 GPa，314.03 MPa 和 453.48 MPa。钢板的尺寸参数为：长度 700 mm，宽度 60 mm，厚度 6 mm。在钢板边缘加工了一个长度为 18 mm 的裂纹来模拟疲劳裂纹，裂纹与钢板横断面的角度分别为 0° 和 30°。SMA 贴片和 CFRP 布的尺寸均为：长度 500 mm，宽度 60 mm。CFRP 的弹性模量和抗拉强度分别为 198.64 GPa 和 2389.6 MPa。SMA 的材料性能参考第二章测试结果。SMA 贴片预留 260 mm 的裸露段以方便 SMA 丝的热激励[1]。此外，还设置了相同尺寸的无裂纹钢板试件（SW）用于比较各加固方法的修复效果。为了测量加载过程中裂纹尖端的应变发展情况，在试件未加固之前在两类裂纹尖端的两侧均布置一个应变片（G1 和 G2），如图 4-1 中所示。

表 4-1　试件工况表

试件分组	编号	裂纹角度	加载方法	试件个数
未加固	SW	无裂纹	静载	1
	SU0	0°	静载	3

续表

试件分组	编号	裂纹角度	加载方法	试件个数
未加固	SU30	30°	静载	3
	FU0	0°	疲劳	2
	FU30	30°	疲劳	2
CFRP 加固	SC0	0°	静载	3
	SC30	30°	静载	3
	FC0	0°	疲劳	2
	FC30	30°	疲劳	2
SMA 加固	SS0	0°	静载	3
	SS30	30°	静载	3
	FS0	0°	疲劳	2
	FS30	30°	疲劳	2
SMA/CFRP 复合加固	SSC0	0°	静载	3
	SSC30	30°	静载	3
	FSC0	0°	疲劳	1
	FSC30	30°	疲劳	1

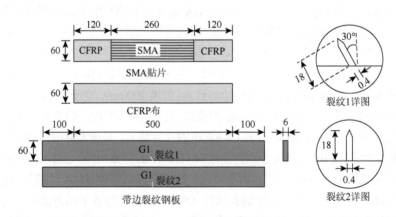

图 4-1　试件几何尺寸及细节（G2 在钢板 G1 位置的另一侧）（单位：mm）

图 4-2 展示了试件的制作流程，为实现 SMA/CFRP 复合加固[2]，首先制作 SMA 贴片（步骤 1～3）。具体方法如下，使用 CFSR-A/B 粘结胶将长 120 mm、宽 60 mm 的 CFRP 布充分浸渍并固化；再将 30 根预应变为 12%的 SMA 丝以 1 mm 的间距排列；然后使用 Lica-131 结构胶将 SMA 丝的两端用固化的 CFRP 布粘合形成类三明治结构，SMA 丝的嵌度为 120 mm，固化至少七天，以制作 SMA 贴片。在

粘贴 SMA 贴片之前，将钢板进行喷砂处理并用乙醇清洗，再使用 Lica-131 结构胶将 SMA 贴片粘贴至钢板的两侧（步骤 4）。充分养护七天后，用热喷枪将热激励区的 SMA 丝加热至 160℃进行热激励，同步在 SMA 丝下方布置一个热电偶以监测加热过程中的温度变化，然后让其冷却至室温，从而实现钢板预应力的引入（步骤 5）。需要注意的是，钢板两侧的 CFRP 布在加热过程中需使用玻璃纤维隔热材料进行热隔离，以防止 SMA/CFRP 界面和 CFRP/钢板界面发生脱粘。热激励完成后，所有试件的 SMA/CFRP 界面和 CFRP/钢板界面均未发现脱粘现象。为了给外层 CFRP 布提供平整的粘贴面，采用 Lica-131 结构胶将热激励后的裸露 SMA 段进行填充（步骤 6）。最后，将充分浸渍的 500 mm 外层 CFRP 布外覆粘贴于 SMA 贴片上（步骤 7 和 8）。外层 CFRP 布同样采用 CFSR-A/B 粘合剂进行浸渍并固化，固化的 CFRP 布厚度约为 0.3 毫米。通过以上八个步骤，制备出用 SMA/CFRP 复合加固的钢板试件。

此外，图 4-2 还展示了 CFRP 单独加固带裂纹钢板以及 SMA 单独加固带裂纹钢板的制作过程。对于仅使用 SMA 加固的钢板，制备过程为步骤 1～5。而对于仅使用 CFRP 加固的钢板，则是使用 Lica-131 粘合剂将浸渍的 500 mmCFRP 布直接粘合到钢板的两侧。

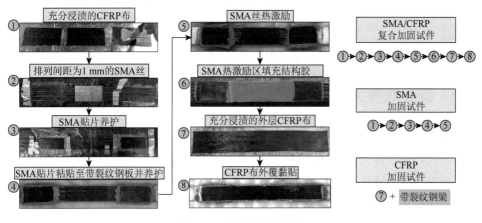

图 4-2　试件制作流程图

4.1.2　试验装置及试验方案

为了测试 SMA/CFRP 复合加固效果，分别对加固试件进行了静力和疲劳拉伸试验，加载装置如图 4-3（a）所示，所有试件均加载至钢板完全断裂。采用 UTM 5303 试验机进行静力拉伸试验，加载模式为位移控制模式，加载速率为 0.5 mm/min。采用 MTS 疲劳试验机进行疲劳拉伸试验，采用正弦加载模式，应力范围为 14～142 MPa（约为钢板屈服应力的 45%），频率为 8 Hz，应力比为 0.1。采用“海滩纹”标记法测量钢板在不同疲劳循环次数下的裂纹扩展长度，加载制度如图 4-3（b）所示。本研究中，通过减少荷载范围（51～142 MPa）产生“海滩纹”。此外，加载过程中试件的荷载和位移分别通过仪器内置传感器进行记录，裂纹尖端的应变则由应变片 G1、G2 测量并通过数据采集仪（TDS-540）进行记录。

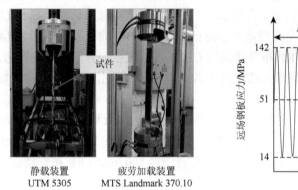

试件
静载装置
UTM 5305
疲劳加载装置
MTS Landmark 370.10
N_1循环
N_2循环
142
51
14
远场钢板应力/MPa
循环次数

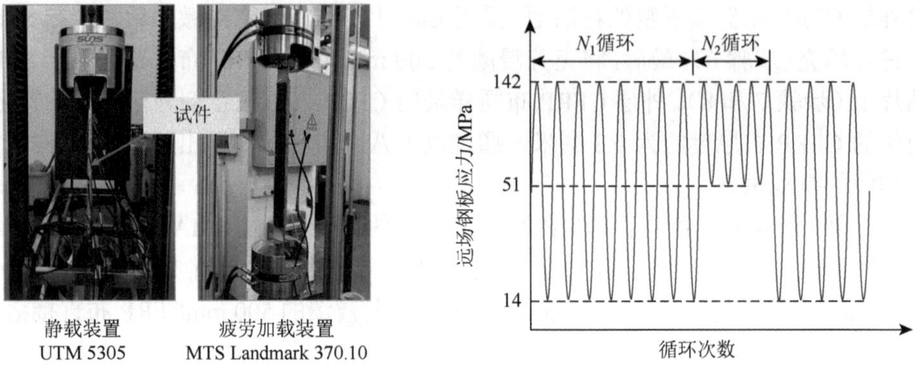

图 4-3　试件加载装置及疲劳荷载制度

4.2　抗拉性能研究

4.2.1　荷载-位移关系

图 4-4 比较了不同试件的荷载-位移曲线。从图中可以看出，当采用相同的加固方案时，裂纹倾角为 0°和 30°的试件表现出相似的荷载-位移行为。仅 CFRP 加固的试件和仅 SMA 加固的试件的承载力略高于未加固试件，而采用 SMA/CFRP 复合加固的试件（SSC0 和 SSC30）的承载力最大，加固效果最为明显，尤其是 SMA/CFRP 复合加固试件的弹性阶段与无裂纹钢板（SW）几乎相同。当荷载达到 98 kN（钢板屈服荷载的 89%）时，SMA/CFRP 复合加固试件出现了与完整钢板类似的长平台阶段，这表明复合加固可以显著提高带裂纹钢板的延性。通过对比其他两类加固试件，SMA/CFRP 加固结构也表现出更大的承载能力和延性。这主要是由于热激励后的 SMA 对钢板产生的压应力和 CFRP 布分担部分钢板荷载所产生的协同效应[2]。此外，在 SMA 加固的试件（SS0）中，由于 SMA 承受了较大的荷载，部分 SMA 丝与 SMA/CFRP 贴片发生了剥离，荷载-位移曲线出现了突然下降。在试件 SSC0 中，由于 CFRP 和 SMA 共同承受荷载，因此 CFRP 剥离

现象延迟出现。尽管裂纹角度不同，但具有相同加固方式的试件表现出相似的破坏模式；对于 CFRP 加固试件，钢板发生断裂，CFRP 布完全剥离；对于 SMA 加固试件，钢板发生断裂，但 SMA 贴片仍与钢板粘贴完整；对于 SMA/CFRP 复合加固试件，钢板发生断裂，SMA 贴片和 CFRP 布发生剥离。

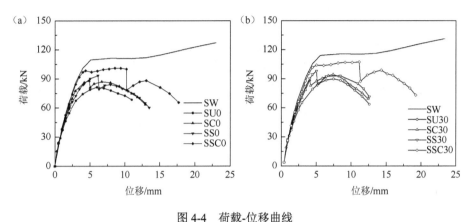

图 4-4　荷载-位移曲线

（a）裂纹角度为 0°，（b）裂纹角度为 30°

4.2.2　裂纹尖端应变发展规律

图 4-5 展示了裂纹尖端应变随荷载变化的发展规律（由应变片 G1、G2 测得）。本章中将荷载-应变曲线快速增加的起点视为裂纹尖端屈服点。因此，可以通过比较应变增加率来评估不同加固方法的修复效果。从图中可以看出，裂纹角度为 0° 和 30° 的未修复试件（SU0 和 SU30）的应变增加速率最快，使用 CFRP、SMA 贴片

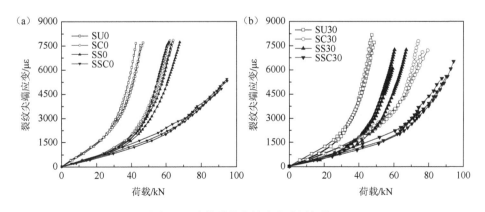

图 4-5　试件裂纹尖端应变发展规律

（a）裂纹角度为 0°，（b）裂纹角度为 30°

和 SMA/CFRP 复合加固后，应变增加速率大大降低，其中 SMA/CFRP 复合加固试件表现最慢，这一现象表明使用 SMA 和 CFRP 复合加固相较于单独使用 SMA 或 CFRP 加固更能显著改善裂纹尖端应力状态。

4.2.3　承载能力与极限位移

图 4-6 显示了试件的平均屈服荷载和平均极限荷载。屈服荷载由裂纹尖端的应变确定，而极限荷载定义为荷载-位移曲线上的最大荷载。从图 4-6（a）可以看出，经过 CFRP、SMA 和 SMA/CFRP 加固后，SC0、SS0 和 SSC0 试件的屈服荷载分别增加了 43%、21% 和 128%；SC30、SS30 和 SSC30 试件的屈服荷载分别增加了 42%、26% 和 111%。SMA/CFRP 复合加固的屈服荷载增长率甚至高于单独使用 CFRP 或 SMA 加固的屈服荷载增长率之和。此外，与试件 SSC0 相比，试件 SSC30 的屈服荷载增加了 3.9 kN，这表明 SMA/CFRP 复合加固对倾斜裂纹钢板具有更好的加固效果。

从图 4-6（b）可以看出，使用 CFRP、SMA 贴片和 SMA/CFRP 复合加固试件的极限荷载也有类似的强化趋势。与 SU0 和 SU30 相比，SSC0 和 SSC30 的极限荷载分别增加了 26% 和 21%，而 SC0 和 SC30 的极限荷载分别增加了 10% 和 6%，SS0 和 SS30 的极限荷载分别增加了 15% 和 10%。与屈服荷载相比，极限荷载的增加率较小，相同加固方式试件的极限荷载相当。即使如此，SMA/CFRP 复合加固试件的极限荷载增加率同样大于单独使用 CFRP 或单独使用 SMA 贴片的总和。

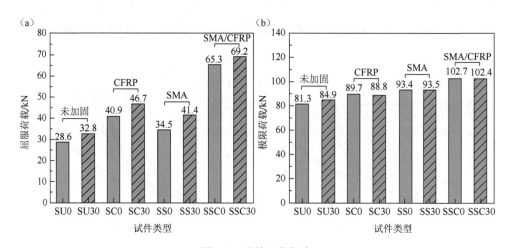

图 4-6　试件承载能力

（a）屈服荷载，（b）极限荷载

图 4-7 展示了与试件极限荷载相对应的极限位移。与对照试件相比，SC0、SS0 和 SSC0 试件的极限位移分别提高了 24%、37%和 122%，SC30、SS30 和 SSC30 试件的极限位移分别提高了 8%、29%和 110%，这表明 SMA/CFRP 显著提高了带裂纹钢板的延性。

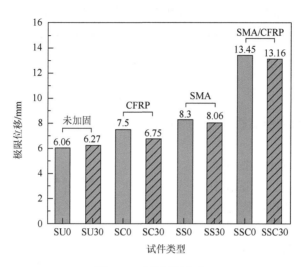

图 4-7　试件极限位移

4.2.4　理论分析

1. 基本假设

为了对试件钢板弹性状态和弹塑性状态下承载能力进行理论计算，无加固无裂纹试件（即完好钢板）根据《钢结构设计标准》（GB 50017—2017）计算其承载力；对于被加固含裂纹试件，参考 CFRP 加固试件轴向受拉试验过程主要可以分为两个阶段：①弹性阶段，试件裂纹尖端开始屈服以前，CFRP、SMA 与钢板的应变值相同，随着荷载增加而线性增加。②试件由尖端开始屈服进入塑性阶段，裂纹逐渐扩展。本章中简化为全截面屈服试件进入塑性阶段，此时不需考虑应力集中效应，试件全截面屈服后，试件承载能力达到最大值，假设各组成部分应变值仍然相同。为简化分析，进行如下假设：

（1）试件长宽比足够大，认为复合试件处于单向受力状态。

（2）加固后复合试件满足平截面假定，SMA、CFRP、钢板两两之间粘结可靠，变形协调，不发生相对滑移。

（3）假定钢材为理想弹塑性材料，SMA、CFRP 为理想线弹性材料。

（4）胶层的弹性模量较小，抗拉强度忽略不计。

（5）假设极限状态时，CFRP、SMA 均未断裂，大部分 SMA 未丧失回复力。

2. 试件承载力计算

1）无加固含单边裂纹钢板承载能力计算

（1）无裂纹无加固钢板（完好钢板）。无裂纹无加固钢板试件根据《钢结构设计标准》的 7.1.1 节计算，去除安全系数 0.7 计算其极限承载力

$$N_y = f_y A_{steel} \tag{4-1}$$

$$N_u = f_u A_{steel} \tag{4-2}$$

式中，N_y 为钢板屈服荷载；N_u 为钢板极限荷载；f_y 为钢材屈服强度；A_{steel} 为钢板净截面面积。

（2）无加固含单边裂纹钢板试件承载能力计算。本试验中，直裂纹在钢板短边投影长度为 l，为简化计算，将 30° 斜裂纹等效为钢板中部存在一短边投影长度为 $l \cdot \cos 30°$ 的预设缺陷钢板，计算时以裂纹尖端开始屈服作为进入屈服阶段标志，以钢板全截面进入屈服状态作为极限阶段标志。

① 弹性阶段。当试件处于弹性阶段，裂纹尖端开始屈服时，试件偏心效应以应力集中效应方式表现，其截面应变情况如图 4-8 所示：

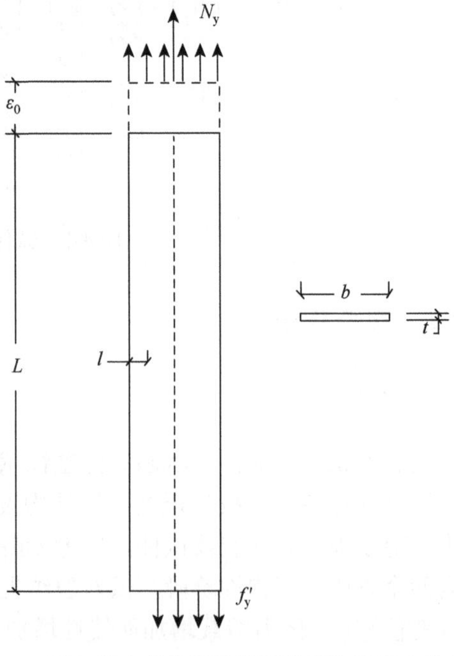

根据截面受力平衡可得

$$E_{steel} \varepsilon_0 b = f_y' (b-l) \tag{4-3}$$

由于在缺陷位置存在应力集中效应，由应力集中手册可查得

图 4-8　无加固含单边裂纹钢板弹性阶段应力分布图

其应力集中系数 α 为 3。当尖端屈服时，钢板承受拉力为

$$N_y = f_y'(b-l)t = f_y' A_{steel} \tag{4-4}$$

$$f_y' = \frac{f_y}{\alpha} \tag{4-5}$$

式中，f_y' 为钢材考虑应力集中系数后屈服强度；l 为裂纹在钢板短边投影；b 为钢板短边宽度；t 为钢板厚度；ε_0 为钢板裂纹尖端屈服产生应变。

②塑性阶段。当试件处于塑性阶段，则钢板已经发生了塑性变形，此时不再考虑应力集中效应。但试验结果显示，此时大部分 SMA 丝仍处于工作中。理想状态下，当试件全截面屈服并进入塑性阶段时，其截面应变情况如图 4-9 所示。

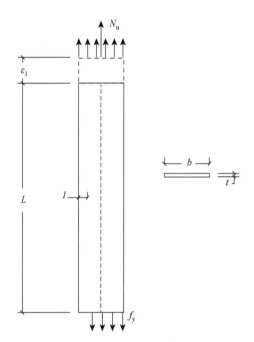

图 4-9　无加固含单边裂纹钢板塑性阶段应力分布图

根据截面受力平衡可得

$$E_{\text{steel}}\varepsilon_1(b-l) = f_y b \qquad (4\text{-}6)$$

因此当试件全截面进入塑性阶段时，钢板承受拉力为

$$N_u = f_y(b-l)t = f_y A_s \qquad (4\text{-}7)$$

式中，ε_1 为净截面屈服钢板产生应变；f_y 为钢材屈服强度；E_{steel} 为钢材弹性模量。

根据上述推导可知，对于钢板裂纹尖端屈服或净截面部分屈服，将裂纹尖端开始屈服时应变 ε_0 转换为 ε_1，即可以获得对应试件破坏荷载计算公式，后文仅需将裂纹尖端屈服时截面平均应力替换为钢材屈服应力即可。因此下文以试件尖端裂纹开始屈服时情况为例，不再给出破坏荷载计算公式，仅给出试件屈服荷载计算公式。

2）CFRP 加固含裂纹钢板试件承载能力计算

参考《纤维增强复合材料加固修复钢结构技术规程》（YB/T4558—2016）以及既有文献[3]，弹性阶段时，CFRP 加固含单边裂纹截面应变情况如图 4-10 所示。

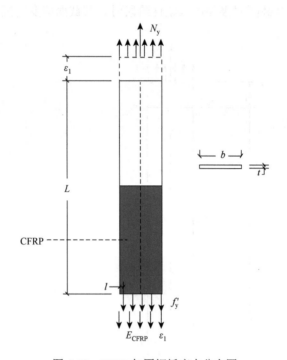

图 4-10　CFRP 加固钢板应力分布图

钢板裂纹尖端开始屈服时，CFRP 仍处于弹性阶段，根据截面受力平衡

$$\varepsilon_0 A_{steel} E_{steel} + \varepsilon_0 A_{CFRP} E_{CFRP} = N_y \tag{4-8}$$

由于 CFRP 的厚度是裂纹抑制效果的关键影响因素，在理论计算时需对裂纹尖端的应力集中系数进行修正，修正公式为

$$R_k = 1 - 0.461 t_c^{0.27} \tag{4-9}$$

$$\alpha_c = R_k \alpha \tag{4-10}$$

$$f'_{yc} = \frac{f_y}{\alpha_c} \tag{4-11}$$

结合参考文献[4]，CFRP 加固试件的屈服荷载为

$$N_y = f'_{yc}(A_{steel} + k_m \beta_1 A_{CFRP}) \tag{4-12}$$

式中，β_1 为 CFRP 与钢材等效转换系数；$k_m = 1 - \dfrac{n_{CFRP} E_{CFRP} t_{CFRP}}{420000}$；CFRP 厚度折减系数；$n_{CFRP}$ 为碳纤维布层数；A_{CFRP} 为碳纤维横截面面积；E_{CFRP} 为碳纤维弹性模量。

3）SMA 加固含裂纹钢板试件承载能力计算

SMA 对钢板的加固效果由两部分组成，一是 SMA 回复力产生的钢板压应变，二是 SMA 自身对于钢板截面抗拉性能的提升。本文试验使用 SMA 丝直径 $d = 1\,mm$，间距 1 mm，SMA 丝材料属性见前文，考虑上述两点，当 SMA 加固试件裂纹尖端开始屈服时，截面应变情况如图 4-11 所示。

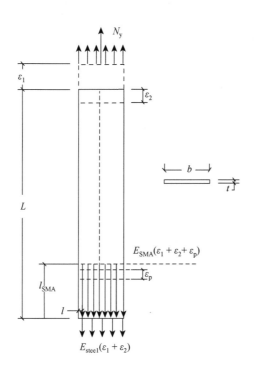

图 4-11　SMA 加固钢板应力分布图

钢板裂纹尖端屈服时，SMA 丝处于弹性状态，根据截面受力平衡可得

$$(\gamma\varepsilon_0 + \varepsilon_2)A_{steel}E_{steel} + (\gamma\varepsilon_0 + \varepsilon_2 + \gamma\varepsilon_p)A_{SMA}E_{SMA} = N_y \qquad (4\text{-}13)$$

式中，ε_2 为 SMA 回复力对钢板产生负应变绝对值；$\varepsilon_2 = \dfrac{\gamma F_{SMA}}{A_{steel} \times E_{steel}}$，

$F_{SMA} = n_{SMA} A_{SMA} \sigma_{SMA}$；$\varepsilon_p$ 为产生预应力后 SMA 自身负应变；$\varepsilon_p = \dfrac{\gamma\sigma_{SMA}}{E_{steel}}$；$\sigma_{SMA}$ 为

单根 SMA 丝回复力；γ 为考虑实际试件由于温差、制作等因素造成损失，根据 SMA 加固试件试验结果计算反推。

则 SMA 加固试件的屈服荷载为

$$N_y = \left(f_y' + \frac{\gamma F_{SMA}}{A_{steel}} \right)(A_{steel} + \beta_2 A_{SMA}) + \frac{\gamma \sigma_{SMA}}{\beta_2 E_{steel}} A_{SMA} \qquad (4\text{-}14)$$

式中，β_2 为 SMA 与钢材截面换算系数；A_{SMA} 为 SMA 总面积，本节中等于 $n_{SMA}\pi\left(\dfrac{d}{2}\right)^2$，$n_{SMA}$ 为 SMA 总数。

4）SMA/CFRP 复合加固含裂纹钢板试件承载能力计算

由图 4-12 可知，对于 SMA/CFRP 复合加固含边裂纹钢板试件，其抗拉承载力可以分为两个过程，采用叠加原理来分析：第一阶段，CFRP 布双面加固钢板试件拉伸承载力分析，与前文 CFRP 加固含裂纹试件部分相同；第二阶段，考虑 SMA 回复力对钢板产生预应变，对 CFRP 布产生的影响，在试件裂纹尖端屈服和 CFRP 布不断裂的条件下，基于材料的线弹性状态叠加分析 SMA/CFRP 复合加固试件的抗拉承载力。具体公式推导、计算过程如下。

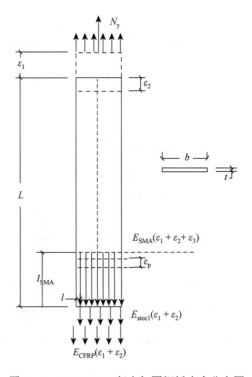

图 4-12　SMA/CFRP 复合加固钢板应力分布图

根据前述内容，当钢板裂纹尖端屈服时，SMA 丝、CFRP 布仍处于弹性状态，根据截面受力平衡可得

$$(\gamma\varepsilon_0 + \varepsilon_2)A_{steel}E_{steel} + (\gamma\varepsilon_0 + \varepsilon_2)btE_{CFRP} + (\varepsilon_0 + \varepsilon_2 + \gamma\varepsilon_p)E_{SMA} = N_y \quad (4\text{-}15)$$

则 SMA/CFRP 复合加固试件的屈服荷载为

$$N_y = \left(f'_{yc} + \frac{\gamma F_{SMA}}{A_{steel}}\right)(A_{steel} + k_m\beta_1 A_{CFRP}) + \left(\frac{f'_{yc}}{E_{steel}} + \varepsilon_2 + \gamma\varepsilon_p\right)E_{SMA}A_{SMA} \quad (4\text{-}16)$$

3. 理论值与实际值对比

根据上述理论推导进行计算，将对应计算参数与试验数据代入，可求得各个工况试件对应屈服荷载与极限荷载，计算值与试验实测值于表 4-2、表 4-3 汇总。

由表 4-2 可知，尽管 SS0 试件由于测量原因导致最大误差达 28.84%，但其他工况下，试件的屈服荷载计算值与实测值误差基本在 15% 以内，可知理论计算能在一定程度上符合试件实际受力情况，但也能够看出，由于斜裂纹尖端处应力的复杂性，本文仅将其简化为对短边投影长度直裂纹，与实际情况不完全相同，因此对于非复合加固试件，其实测值大于计算值，且含斜裂纹的试件计算误差更大，但在合理范围之内。

表 4-2　屈服荷载计算值与实测值对比

试件编号	屈服荷载计算值/kN	屈服荷载实测平均值/kN	误差/%
SW	113.4	110.03	3.06
SU0	26.46	28.6	7.48
SU30	27.97	32.8	14.73
SC0	43.32	40.9	5.92
SC30	45.63	46.7	2.29
SS0	44.45	34.5	28.84
SS30	44.95	41.4	8.57
SSC0	60.90	65.3	6.74
SSC30	63.19	69.2	8.68

由表 4-3 可知，对于 SMA 加固的试件，理论值计算值与实测值相差较大，主要是由于 SMA 本身存在一定松弛，退火不均匀等试件制作过程中存在的问题导致 SMA 回复力与试验值相比减小。此外，由于含斜裂纹试件（SSC30）的截面损伤率较小，因此误差最大，达到 10.43%，但其余试件极限荷载计算值与实测值误差均不超过 10%，证明了该理论计算方法的准确性。

表 4-3　极限荷载计算值与实测值对比

试件编号	极限荷载计算值/kN	极限荷载实测平均值/kN	误差/%
SW	153.09	—	—
SU0	79.38	81.3	2.36
SU30	83.93	84.9	1.14
SC0	85.41	89.7	4.78
SC30	89.96	88.8	1.31
SS0	98.71	93.4	5.69
SS30	103.25	93.5	10.43
SSC0	104.71	102.7	1.96
SSC30	109.25	102.4	6.69

4.3　疲劳性能研究

4.3.1　疲劳破坏模式

疲劳试验过程中,当钢板裂纹达到一定长度(临界长度)后钢板发生突然断裂,从而试件失效。图 4-13 展示了各试件的疲劳破坏模式,可以发现疲劳裂纹扩展方向与荷载方向垂直。此外,裂纹面存在明显的光滑区域,该区域内裂纹稳定扩展;另外裂纹面还存在粗糙区,该区域内裂纹快速扩展。当试件加固后,可以发现裂纹面的光滑区域变长,即临界裂纹长度增加,尤其是 SMA/CFRP 复合加固试件(FSC0 和 FSC30)。在相同的加固情况下,裂纹角度为 30°的试件的临界裂纹长度比裂纹角度为 0°的试件更长,这表明复合加固对斜裂纹钢板的加固效果更好。

4.3.2　裂纹尖端应变发展规律

当钢板裂纹尖端开始屈服时,布置在裂纹尖端的应变片读数会发生显著变化,可基于这一现象判断裂纹尖端的开裂情况。图 4-14 展示了裂纹尖端应变峰值随疲劳循环次数的变化规律。可以发现,SMA 贴片和 CFRP 布表现出相似的裂纹扩展抑制效果。相比之下,SMA/CFRP 复合加固对裂纹扩展抑制效果更加明显,且裂纹角度为 30°的加固试件裂纹抑制效果更好。

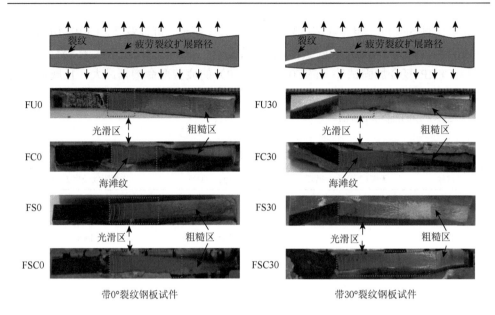

图 4-13　试件的疲劳破坏模式

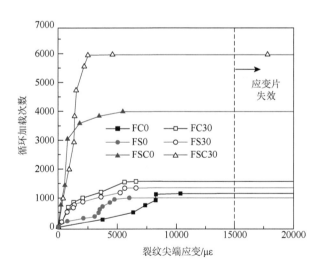

图 4-14　裂纹尖端峰值应变发展规律

4.3.3　疲劳寿命

疲劳加载过程中，一旦裂纹尖端出现开裂，布置于此的应变片就会失效。因此，本章将应变片失效时的疲劳循环次数定义为无裂纹寿命 N_i。当试件疲劳断裂时对应的疲劳循环次数定义为疲劳寿命 N_f。另外，临界裂纹长度 L_c 定义为断裂表面光滑区域的长度。相关疲劳试验结果如表 4-4 所示。可以发现，CFRP 加固试件的疲劳寿命略高于 SMA 加固试件，主要原因是 CFRP 的轴向刚度大于 SMA 材料。SMA/CFRP 复合加固试件（FSC0 和 FSC30）的疲劳寿命增幅最大，且展示出更长的临界裂纹长度。FSC0 和 FSC30 的临界裂纹长度分别约为 25.5 mm 和 28.9 mm，几乎是未加固钢板的三倍。

表 4-4　疲劳试验结果

试件	无裂纹寿命 N_i /循环	疲劳寿命 N_f /循环	临界裂纹长度 L_c /mm
FU0	196	5089	8.9
FC0	1452	16023	16.9
FS0	1055	11254	14.8
FSC0	3993	38763	25.5
FU30	504	7171	11.0
FC30	1514	15715	20.5
FS30	1377	14022	19.1
FSC30	5973	62299	28.9

图 4-15 也展示了各试件的疲劳寿命。与裂纹钢板相比，裂纹倾角为 0° 的钢板经 CFRP、SMA 和 SMA/CFRP 加固后的疲劳寿命分别提高了 2.42、3.44 和 7.62 倍。相比之下，裂纹倾角为 30° 的钢板经 CFRP、SMA 和 SMA/CFRP 加固后的疲劳寿命分别提高了 3.96、4.44 和 8.69 倍。相同加固方式下，斜裂纹试件的疲劳寿命增长更大，表明 SMA/CFRP 复合加固对斜裂纹钢板更为有效。

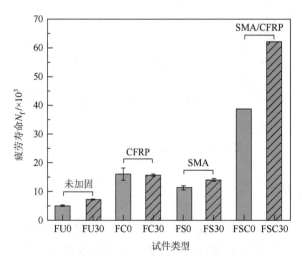

图 4-15　加固试件疲劳寿命

4.3.4　疲劳裂纹扩展

借助"海滩纹"标记技术，图 4-16 展示了裂纹长度与疲劳循环次数之间的关系。可以发现，随着疲劳加载循环次数的增加，所有试件的裂纹长度都呈现出加速增长的趋势。SMA/CFRP 复合加固试件的裂纹扩展阶段更长、更慢，这表明其对疲劳裂纹有显著的抑制作用。此外，裂纹倾角不同的试件也表现出不同的裂纹扩展模式。与 FC0、FS0 和 FSC0 相比，FC30、FS30 和 FSC30 的裂纹扩展率有所下降。特别是，当试件失效时，FSC30 试件的疲劳寿命是 FSC0 试件的 1.6 倍，同样表明 SMA/CFRP 复合加固对斜裂纹钢板更为有效。

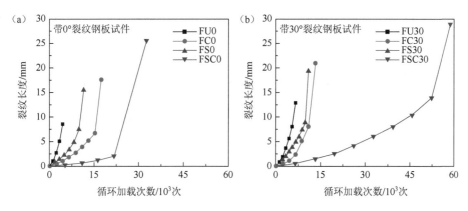

图 4-16　试件疲劳裂纹扩展规律

（a）裂纹角度为 0°，（b）裂纹角度为 30°

图 4-17 比较了不同裂纹长度下的裂纹增长率。根据各试件的裂纹扩展长度及相应的疲劳循环次数，可得到其临界裂纹长度范围内的裂纹增长率。SMA 加固组的裂纹增长率略低于未加固组，这表明 SMA 降低了加固区域钢板的应力比和有效应力范围（即使施加的远场应力范围保持不变）。由于 CFRP 加固组具有更大的拉伸刚度，因此其裂纹增长率的降低效果优于 SMA 加固组。SMA/CFRP 复合加固则进一步降低了裂纹增长率，这表明 SMA 和 CFRP 两种材料间存在明显的协同效应。

4.3.5　疲劳刚度退化

经过特定的疲劳加载次数后，对试件进行了一次静力拉伸（荷载范围从 0 至疲劳上限值）以获得试件刚度（荷载范围与位移差的比值），并将刚度进行归一化

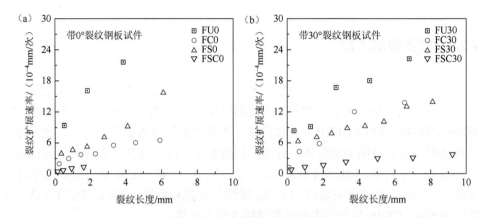

图 4-17 试件疲劳裂纹扩展速率

（a）裂纹角度为 0°，（b）裂纹角度为 30°

处理，结果如图 4-18 所示。可以发现，随着疲劳循环次数的增加，刚度逐渐减小，这与之前研究得出的结论相吻合[5]。当疲劳循环次数达到 90%的疲劳寿命之后，刚度迅速大幅降低。另外，加固试件的疲劳刚度退化速率明显低于未加固试件，尤其是 SMA/CFRP 复合加固试件，表明 SMA/CFRP 复合加固能显著降低疲劳刚度衰减。

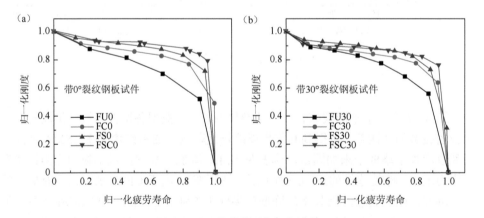

图 4-18 　试件疲劳刚度退化规律

（a）裂纹角度为 0°，（b）裂纹角度为 30°

4.4　SMA/CFRP 复合加固机理

裂纹扩展机理可用应力幅和裂纹尖端应力强度因子来表征，因此，本章计算了各加固试件的应力幅和裂纹尖端应力强度因子。疲劳试验中，未加固试件的名义应力幅为 128 MPa，最大应力为 142 MPa，最小应力为 14 MPa。根据静力拉伸试验中 SMA 加固试件和未加固试件的屈服荷载信息，可以发现热激励后的 SMA 在钢板中引入了约 20 MPa 的压应力。由于 SMA 的轴向刚度比钢材小很多，可忽略 SMA 丝分担的荷载[2]。因此，对于 SMA 加固组，钢板本身应力幅相同，但最大和最小应力分别降低至 122 MPa 和–6 MPa（压应力）。对于 CFRP 加固组，可根据浸渍后的 CFRP 厚度和弹性模量来计算钢板两侧 CFRP 材料提供额外刚度，约为整个截面的 9%。因此，钢板中最大和最小应力分别按比例减少了 9%，分别为 129 MPa 和 13 MPa。对于 SMA/CFRP 复合加固组，钢板应力降低了 9%，同时还存在额外 20 MPa 的压应力。因此，钢板中的最大和最小应力分别为 109 MPa 和–7 MPa。图 4-19 展示了不同加固方式钢板的应力幅，清晰地展示了加固机理即降低钢板有效应力。

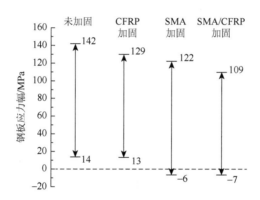

图 4-19 不同加固方式下钢板的应力范围

此外，应力强度因子（SIF）对疲劳裂纹扩展也至关重要。Ⅰ/Ⅱ混合型疲劳裂纹的有效 SIF 范围由两部分组成：由拉伸应力引起ΔK_{I}，由剪切应力引起ΔK_{II}。ΔK_{I}和ΔK_{II}都取决于裂纹的几何形状，可由式（4-17）和式（4-18）计算，有效 SIF 范围ΔK_{eff}可通过式（4-19）计算[6-7]

$$\Delta K_{\mathrm{I}} = F_{\mathrm{I}}(a/b,\ \theta) \cdot \Delta\sigma \cdot \sqrt{\pi(a+c)} \tag{4-17}$$

$$\Delta K_{\mathrm{II}} = F_{\mathrm{II}}(a/b,\ \theta) \cdot \Delta\sigma \cdot \sqrt{\pi(a+c)} \tag{4-18}$$

$$\Delta K_{\mathrm{eff}} = \sqrt[4]{\Delta K_{\mathrm{I}}^4 + 8\Delta K_{\mathrm{II}}^4} \tag{4-19}$$

式中，$\Delta\sigma$为是远场应力范围；c 是缺口深度；a 是裂纹长度；b 是钢板宽度；F_{I}和 F_{II}是几何修正系数，取决于裂纹长度与钢板宽度之比 a/b 和裂纹倾角 θ。

根据循环拉伸加载下边斜裂钢板 Ⅰ/Ⅱ型应力强度因子的研究[8]，可知当裂纹长度与钢板宽度之比（a/b）为 0.3 时，裂纹倾角为 0°的钢板的几何修正系数 F_{I}

和 F_{II} 分别为 1.65492 和 0，裂纹倾角为 30° 的钢板的 F_{I} 和 F_{II} 分别为 1.21189 和
0.39136。根据图 4-19 所示的钢材应力范围和式（4-17）～式（4-19），计算出初
始裂纹长度处的有效 SIF 范围，如图 4-20 所示。由于压应力不会导致裂纹扩展，
因此 SIF 计算中扣除了压应力范围。有效 SIF 范围从高到低依次为未加固组、SMA
加固组、CFRP 加固组和 SMA/CFRP 复合加固组。因此，相关试件的疲劳寿命顺
序应为 SMA/CFRP 复合加固组、CFRP 加固组、SMA 加固组和未加固组，这与疲
劳试验观察到的疲劳寿命顺序一致。

此外，裂纹倾角为 30° 的试件的 ΔK_{eff} 计算值小于裂纹倾角为 0° 的试件，这表
明每种加固方法对裂纹倾角为 30° 的试件的加固效果更为显著。与对照试件相比，
SMA/CFRP 复合加固对 ΔK_{eff} 的降低幅度最大。主要原因是 CFRP 分担荷载导致钢
板的应力降低，同时热激励后的 SMA 也产生了一定的压应力。随着裂纹生长速
度的减慢和临界裂纹长度的延长，裂纹角度为 0° 和 30° 的 SMA/CFRP 复合加固试
件的平均疲劳寿命分别提高到未加固试件的 7.62 倍和 8.69 倍。

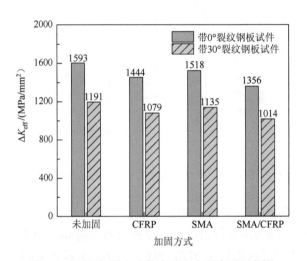

图 4-20　不同加固方式的有效应力强度因子范围

4.5　本　章　小　结

本章共对 39 个试件进行了静力和疲劳加载试验，分析了不同加固方法对斜裂
纹钢板的加固效果，可得到如下结论。

（1）SMA/CFRP 复合加固后，裂纹钢板的荷载响应明显改善。SMA/CFRP 复
合加固试件的弹性行为几乎与完好钢板一致。与相同裂纹状态下的未加固试件相
比，SMA/CFRP 复合加固试件的屈服荷载分别提高了 128%（裂纹角度为 0°）和

111%（裂纹角度为 30°）。此外，斜裂纹钢板经 SMA/CFRP 复合加固后的承载能力和延性提升效果更为明显。

（2）SMA/CFRP 复合加固后，裂纹钢板的疲劳性能也得到了极大改善。SMA/CFRP 复合加固试件的稳定裂纹扩展阶段得到了延长，几乎是未加固钢板的三倍。与对照试件相比，SMA/CFRP 复合加固后使裂纹倾角为 0° 和 30° 的试件的疲劳寿命分别提高了 7.62 倍和 8.69 倍，这同样表明对斜裂纹钢板的加固效果更好。

（3）通过合理简化 CFRP、SMA、SMA/CFRP 复合加固的受力情况，引入应力集中系数与 CFRP 修正系数，提出了 CFRP、SMA、SMA/CFRP 复合加固含单边裂纹钢板的承载能力计算方法，由于实际试件受力情况复杂，试件材料离散程度大，提出公式与试验结果误差在 15% 以内，可作为后续研究的理论基础。

（4）从钢板裂纹尖端的应力范围和应力强度因子角度解释了 SMA/CFRP 复合加固对裂纹扩展的抑制机理。SMA 可对钢板产生压应力，同时 CFRP 可分担钢板外荷载，二者相互协同使得加固效果最大化。此外，应力范围和有效应力强度因子也证实了 SMA/CFRP 复合加固对斜裂纹加固效果更为明显。

参 考 文 献

[1] Deng J，Fei Z Y，Li J H，et al. Fatigue behaviour of notched steel beams strengthened by a self-prestressing SMA/CFRP composite[J]. Engineering Structures，2023，274：115077.

[2] Zheng B，Dawood M. Fatigue strengthening of metallic structures with a thermally activated shape memory alloy fiber-reinforced polymer patch[J]. Journal of Composites for Construction，2017，21（4）：04016113.

[3] 卢亦焱，张号军，刘素丽. 碳纤维布与钢板粘结拉伸承载力计算[J]. 中国铁道科学，2007，28（5）：59-64.

[4] 马建勋，宋松林，赖志生. 粘贴碳纤维布加固钢构件受拉承载力试验研究[J]. 工业建筑，2003，33（2）：1-4.

[5] Wang H T，Wu G，Jiang J B. Fatigue behavior of cracked steel plates strengthened with different CFRP systems and configurations[J]. Journal of Composites for Construction，2016，20（3）：04015078.

[6] Tanaka K. Fatigue crack propagation from a crack inclined to the cyclic tensile axis[J]. Engineering Fracture Mechanics，1974，6（3）：493-507.

[7] Li L Z，Chen T，Zhang N X. Numerical analysis of fatigue performance of CFRP-repaired steel plates with central inclined cracks[J]. Engineering Structures，2019，185：194-202.

[8] Fayed A S. Numerical analysis of mixed mode I/II stress intensity factors of edge slant cracked plates[J]. Engineering Solid Mechanics，2017，5：61-70.

第 5 章　SMA 加固带裂纹钢梁研究

前述章节表明 SMA/CFRP 复合加固技术对钢板裂纹修复效果明显,但对于开裂钢梁构件的静力和疲劳性能提升效果未知。本章将采用 SMA/CFRP 复合加固技术对带裂纹钢梁进行抗弯加固,研究加固后的静力性能和疲劳性能,通过分析荷载-挠度曲线、关键荷载信息、承载能力、破坏模式及疲劳寿命,明确 SMA/CFRP 复合加固带裂纹钢梁的裂纹抑制机理和疲劳寿命预测方法。

5.1　SMA 加固钢梁抗弯承载力试验研究

5.1.1　试验设计

为了研究 SMA/CFRP 复合加固对带裂纹钢梁的加固效果,本章同样采用了三种加固方法,如表 5-1 所示。在试件编号中,B、C 和 S 分别代表带裂纹钢梁、CFRP 和 SMA。

表 5-1　试件设计及试验结果

试件编号	预制裂纹	加固方法	屈服荷载/kN	屈服挠度/mm	极限荷载/kN	抗弯刚度/(kN/mm)
B0	无		52.8	2.88	93.4	18.3
B1	有		15.9	1.31	39.0	12.1
BC	有	CFRP	26.8	1.67	54.4	16.1
BS1	有		26.5	1.74	53.3	15.2
BS2	有	SMA	26.9	1.61	52.4	16.7
BS3	有		27.4	1.72	55.6	15.9
BSC1	有		37.2	1.91	73.2	19.5
BSC2	有	SMA/CFRP	37.9	2.02	70.9	18.8
BSC3	有		35.1	1.86	65.6	18.8

本章中使用的钢梁是 Q235 热轧型钢,钢梁的长度为 1200 mm,高度为 120 mm,翼缘宽度为 74 mm,腹板厚度为 5 mm,如图 5-1 所示。加固钢梁的净跨度为 1100 mm,加载点间距为 200 mm。在钢梁加载点位置焊接加劲肋以防止加

载过程中翼缘过早屈曲。为了能方便 SMA 贴片在下翼缘处的粘贴和热激励，加劲肋与受拉翼缘之间设置了一定的间隙。根据相关研究[1, 2]，裂纹高度通常是根据裂纹高度与钢梁高度之比（a/h）来确定。本研究采用 $a/h = 0.12$，钢梁高度为 120 毫米。故在受拉翼缘和腹板上加工了一个长度为 14.4 mm 的贯穿缺口以模拟疲劳裂纹。

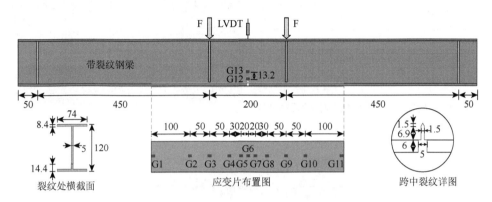

图 5-1　钢梁尺寸及局部细节（单位：mm）

图 5-2 展示了用 SMA/CFRP 复合加固钢梁的制作过程，整个流程与第四章中的加固方式类似。步骤 1 展示了 SMA 贴片的制作。预应变为 12% 的 SMA 丝以 1 mm 的间距排列，SMA 丝的两端使用 Lica-131 粘合剂与四块浸渍 CFRP 布夹在一起。SMA 贴片包括了两种规格，分别为宽度为 74 mm 的 SMA 贴片（包含 35 根 SMA 丝）和宽度为 34 mm 的 SMA 贴片（包含 15 根 SMA 丝）。这两种类型的贴片分别粘结在受拉翼缘的底部和顶部。步骤 2 展示了加固区域的标记。对 CFRP 粘接区域进行标记，以确保裂纹位于 SMA 贴片的中间位置。使用 Lica-131 粘结胶将 SMA 贴片粘合到受拉翼缘上，并在室温下固化七天。步骤 3 展示了 SMA 丝的热激励。使用加热枪对 SMA 丝进行热激活，并使用玻璃纤维绝缘材料进行隔热以防止 SMA 贴片从钢梁上脱落，同时采用热电偶监测 SMA 丝的温度变化。步骤 4 展示了填充了结构胶的 SMA 丝。在 SMA 丝冷却至室温后，使用 Lica-131 填充 SMA 丝热激励区域，使用 PVC 板整平结构胶并使结构胶的厚度与 SMA 贴片相同以方便外层 CFRP 平坦地粘结在该表面上。步骤 5 展示了加固后的浸渍 CFRP 外层。至此，便完成了带裂纹钢梁的复合加固。根据前述章节测试得到的 SMA 丝回复力，可知 SMA/CFRP 复合加固后对带裂纹钢梁引入了 13.98 kN 的预应力。对于 SMA 加固试件，制作过程仅包括步骤 1 至 3。对于 CFRP 加固试件，直接将浸渍完的 CFRP 布（长 500 mm，宽为 74 mm）直接粘结于裂纹钢梁的受拉翼缘上。加固后的试件如图 5-3 所示。

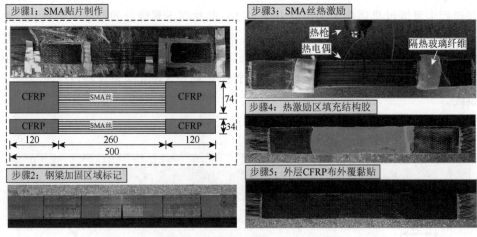

图 5-2　SMA/CFRP 复合加固梁制作流程（单位：mm）

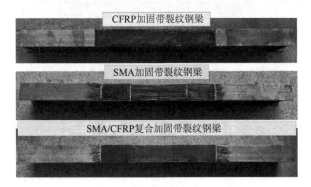

图 5-3　加固完成后的三类试件

采用伺服液压 SDS500 试验机对试件进行四点弯曲加载，采用位移控制加载模式，加载速率为 3 mm/min。如图 5-1 所示，在 CFRP 布上沿纵轴线方向布置 11 个应变片以测量受拉翼缘 CFRP 的应变分布。同时采用位移计测量跨中挠度，如图 5-4 所示。所有数据均由数据记录器（DH3820）自动记录。

图 5-4　四点弯曲加载设备

5.1.2　静载结果分析

1. 荷载-挠度曲线

各试件的破坏模式如图 5-5 所示，试件 BC 的 CFRP 布在跨中处脱粘并开裂；试件 BS 的 SMA 丝因裂纹扩大而显著伸长，但未观察到 SMA 贴片上的 SMA 丝出现拉出现象，SMA 贴片仍粘结在钢梁上。虽然在试件 BSC1 和 BSC3 的外层 CFRP 布剥离并断裂，但 SMA 贴片仍粘结在钢梁上，这表明 SMA/CFRP 复合加固具有良好的安全保障。

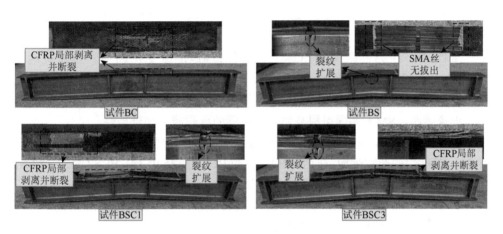

图 5-5　试件破坏模式

将各试件的跨中挠度进行对比如图 5-6 所示。对比试件 B0 和 B1，可以看出裂纹明显降低了抗弯承载力和刚度。在荷载达到 52.82 kN 之前，试件 B0 显示出线性荷载-挠度关系，随后钢梁翼缘发生屈服，挠度随着荷载的增加呈加速上升趋势。当荷载达到最大值 93.49 kN 时，挠度随着荷载的增加而急剧增大。对于试件 B1，在荷载达到 15.90 kN 之前，挠度随荷载的增加呈线性增加，随后裂纹尖端屈服，挠度随着荷载的增加而迅速增大。试件 B1 的最大荷载仅为 36.98 kN，达到最大荷载后，腹板裂纹快速扩展，钢梁破坏。

采用 CFRP 加固后，试件 BC 的承载能力明显增加，弹性阶段更长。在荷载达到 26.8 kN 之前，荷载-挠度表现为线性关系。随着荷载的增加，挠度的增长速度明显加快，表明裂纹尖端已经屈服。当荷载达到 51.38 kN 时，CFRP 布开始开裂，当荷载达到 54.35 kN 时完全断裂。之后，荷载突然下降，荷载-挠度曲线变得与试件 B1 一致，因为此时已只有钢梁承受荷载。

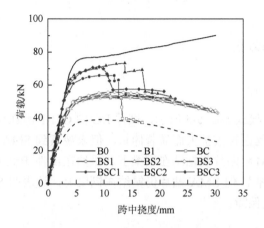

图 5-6　荷载-挠度曲线（后附彩图）

　　试件 BS 在弹性阶段也出现了类似的荷载-挠度变化趋势。当荷载达到 26.51 kN 时，裂纹尖端屈服，挠度加快。当荷载增加到 53.35 kN 时，荷载随着的挠度增加而逐渐减小。与试件 BC 相比，荷载-滑移曲线没有出现突然的荷载下降。这一现象表明，SMA 加固可提高带裂纹钢梁的承载能力和延展性。

　　对于试件 BCS，SMA/CFRP 复合加固后，试件的弹性阶段明显更长，接近试件 B0（完好梁）的荷载响应。在达到屈服荷载（BCS1 为 35.05 kN，BCS2 为 37.15 kN，BCS3 为 37.96 kN）后，BCS1 和 BCS2 试件的 CFRP 布开始开裂，而 BCS3 试件的 CFRP 布出现剥离现象，这就是荷载-挠度曲线的荷载发生突然下降的原因。CFRP 布断裂和剥离后，荷载-挠度曲线与试件 BS 一致。

　　2. 承载能力与抗弯刚度

　　本章将荷载-挠度曲线初始线性段的最大荷载值定义为屈服荷载，荷载-挠度曲线中最大荷载定义为极限荷载。表 5-1 列出了屈服荷载、极限荷载和相应的挠度。屈服荷载和极限荷载也如图 5-7 所示。与试件 B1 相比，试件 BC、BS 和 BCS 的屈服荷载分别增加了 68.6%、66.7% 和 130.8%；试件 BC、BS 和 BCS 的极限荷载分别增加了 39.5%、36.7% 和 79.2%。这表明 CFRP 布和 SMA 贴片具有相似的加固效果，而 SMA/CFRP 复合加固则表现出更强的加固效果。与试件 B0 相比，试件 BCS 的承载能力恢复至完好钢梁的 74.8%。

　　本章将试验梁在弹性阶段的荷载-挠度曲线斜率定义为抗弯刚度，各试件的抗弯刚度如图 5-8 所示。CFRP 布和 SMA 贴片加固对带裂纹钢梁的弯曲刚度有一定的提升，且提升效果相当。与试件 B1 相比，试件 BC 和 BS 的抗弯刚度分别增加了 33.1% 和 32.2%。由于 SMA 的弹性模量小于 CFRP 的弹性模量，SMA 贴片加固对抗弯刚度的增强作用稍小于 CFRP 布加固。相比之下，SMA/CFRP

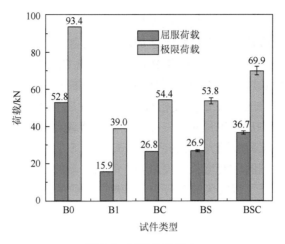

图 5-7　试件承载能力

复合加固对抗弯刚度的增强效果约为 CFRP 或 SMA 单个材料的两倍,抗弯刚度提高了 57.9%。

与试件 B0 相比,试件 BC、BS 和 BCS 的抗弯刚度分别恢复到完整钢梁的 87.51%、87.02%和 103.76%。这表明这三种加固方法都能显著提高带裂纹钢梁的抗弯刚度。SMA 和 CFRP 的改善效果相当,而 SMA/CFRP 复合加固效果最好,甚至超过了完好钢梁的刚度。

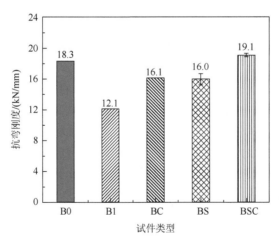

图 5-8　试件抗弯刚度

3. 裂纹尖端应变发展规律

为了比较不同加固方法的裂纹闭合效果,图 5-9 展示了裂纹尖端随荷载的变化规律，并将裂纹尖端应变开始快速增长时的荷载定义为裂纹尖端屈服荷载。可以发现，所有应变最初都随着荷载的增加而缓慢增加，当裂纹尖端开始屈服时，应变开始加速增长。对比试件 BC 和 BS，可以看出 CFRP 布和 SMA 丝都能减缓裂纹尖端的应变增长速度，表明这两种加固方法都能抑制裂纹的增长。与 CFRP 布相比，SMA 贴片加固钢梁的刚度相对较低，因此应变增长速度较快。然而，由于 SMA 丝在热激励后产生预应力，在达到一定荷载之前，裂纹尖端的应变都为负值，裂纹尖端屈服荷载稍大于试件 BC。试件 BCS 的裂纹抑制效果最好。在所有试件中，裂纹尖端的应变增长速度最慢，裂纹尖端的屈服荷载最大，这表明复合材料加固显著降低了裂纹尖端的应力，抑制了裂纹的增长。

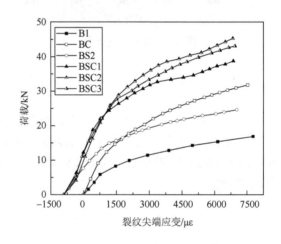

图 5-9　裂纹尖端应变发展规律

　　裂纹尖端屈服荷载比较如图 5-10 所示，明显可以看出加固后裂纹尖端屈服荷载都得到了一定的增长。与试件 B1 相比，试件 BC 的裂纹尖端屈服荷载增加了 70%，而试件 BS 的裂纹尖端屈服荷载增加了 125%。这是因为 SMA 在热激励后能在裂纹尖端产生预应力，在很大程度上改善了裂纹尖端的应力集中，而 CFRP 布受力滞后性导致裂纹尖端应力集中的抑制作用较弱。与试件 B1 相比，可以发现试件 BCS 的裂纹尖端屈服荷载增加了 230%，明显大于 CFRP 或 SMA 材料单独加固的效果。

　　通过以上讨论，SMA/CFRP 复合加固大大提高了缺陷钢梁的承载能力、抗弯刚度和延性，SMA/CFRP 复合加固的机理可解释如下：热激励后的 SMA 丝在裂纹处引入了压力（预应力），对裂纹尖端产生闭合效应。此外，CFRP 布提供了额外的刚度，克服了 SMA 丝刚度低的问题，进一步降低了外加荷载引起的应力大小。因此，SMA/CFRP 复合加固可防止 CFRP 加固钢梁因 CFRP 断裂而发生脆性破坏，与其他单一材料加固方法相比具有独特优势。

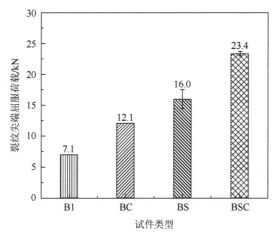

图 5-10　各试件的裂纹尖端屈服荷载

4. CFRP 布应变分布规律

对于 CFRP 加固试件和 SMA/CFRP 复合加固试件，在 CFRP 布的纵轴线上布置了 11 个应变片来记录不同位置 CFRP 布应变发展情况。图 5-11 展示了 CFRP 布应变随荷载增长的变化趋势。可以发现，跨中应变片 G6 的应变增加速度最快，因为裂纹处 CFRP 布分担荷载最大。对于试件 BC，在达到 26.8 kN 的荷载之前，其他应变片都没有发现明显的应变增加。在这一荷载之后，由于裂纹一侧的 CFRP 布发生界面剥离，G5 的应变明显增加。当荷载增加到 42 kN 时，在缺口的另一侧观察到界面剥离，导致 G7 的应变加速增长。当荷载增加到 54.5 kN 时，由于界面剥离向 G4 位置扩展，G4 的应变迅速增加。随后，CFRP 布断裂，加固钢梁失效。试件 BSC1 的应变发展与试件 BC 相似。随着荷载的增加，其他应变片的应变增长紧随跨中应变片 G6。越靠近 G6，应变增长越快。由于 SMA 丝的桥接效应，

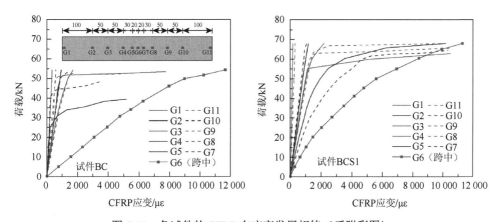

图 5-11　各试件的 CFRP 布应变发展规律（后附彩图）

G5 和 G7 的应变增长曲线相对平滑。当荷载增加到 56 kN 时，G4 的应变突然增加，其次是 G8 和 G10。当试件 BSC1 失效时，G4、G5、G7、G8 和 G9 的应变几乎相等，表明 G4 至 G9 区域内的界面完全剥离。

　　图 5-12 展示了不同荷载水平下 CFRP 布的纵向应变分布规律。当荷载低于剥离荷载时，应变明显集中在梁中部的裂纹位置（G6）。然而，与试件 BC 相比，BSC 试件的应变集中程度有所降低，这也表明 SMA/CFRP 加固有利于提高加固梁的承载能力。达到剥离荷载后，最大应变区开始从 CFRP 布的中间向两侧扩展。当荷载增加到极限荷载时，纯弯段的应变曲线几乎呈水平状，这表明纯弯段内界面已完全剥离。此外，在极限荷载下，试件 BSC1 的水平应变分布区域大于试件 BC，这表明试件 BSC1 中 CFRP 布的利用率更高。

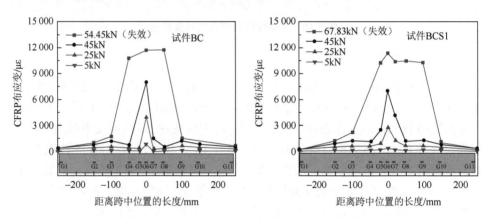

图 5-12　各试件的 CFRP 布应变分布规律

5.2　加固钢梁理论计算

5.2.1　基本假定

本节理论分析基于以下假设：

（1）钢材是均匀的弹塑性材料，而 CFRP 布是线弹性材料。

（2）加固后钢梁的平面截面假设仍然成立。

（3）SMA 丝完全嵌入两块 CFRP 布中，因此在弯曲过程中不会发生 SMA 丝滑移。

5.2.2　裂纹尖端屈服弯矩与极限弯矩

当塑性区的深度在特定范围内，即小于钢梁横高的 0.125 倍[3]，可基于弹塑性方法计算钢梁承载力。根据这一要求，推导出钢梁裂纹尖端的屈服力矩和最大允许力矩。当裂纹尖端的塑性面积达到钢梁截面高度的 0.125 倍（本研究中为 13.2 mm）时，就达到了最大容许力矩。对于使用 SMA/CFRP 复合加固钢梁（跨中裂纹长度为 l），钢梁裂纹尖端屈服状态时或裂纹钢梁达到最大允许承载力状态时，加固钢梁裂纹截面的应变分布如图 5-13 所示。

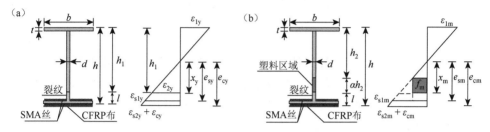

图 5-13　SMA/CFRP 复合加固梁裂纹截面应变分布规律

（a）裂纹尖端屈服状态，（b）最大允许承载力状态

当裂纹尖端开始屈服时［图 5-13 (a)］，可根据力平衡给出式（5-1）

$$1/2\left(\varepsilon_{1y}+\frac{h_1-x_y-t}{h_1-x_y}\varepsilon_{1y}\right)bt+\frac{(h_1-x_y-t)^2}{2(h_1-x_y)}\varepsilon_{1y}d=1/2\,\varepsilon_{2y}x_yd+\alpha_0 A_c\varepsilon_{cy}+\alpha_1(A_{s1}\varepsilon_{s1y}+A_{s2}\varepsilon_{2y})$$

(5-1)

其中，x_y 是裂纹尖端到中性轴的距离；h_1 是裂纹尖端到梁顶部的距离；ε_{1y} 是梁顶部的压缩应变；ε_{2y} 是裂纹尖端应变；ε_{cy} 是 CFRP 应变；ε_{s1y} 是受拉翼缘顶部 SMA 丝的总应变；ε_{s2y} 是受拉翼缘底部 SMA 钢丝的总应变；A_c 是 CFRP 布的截面积；A_{s1} 是受拉翼缘顶部 SMA 丝的截面积；A_{s2} 是受拉翼缘底部 SMA 丝的截面积；α_0 是 CFRP 与钢的等效换算系数；α_1 是 SMA 与钢的等效换算系数。

根据式（5-1），可以计算出 x_y，然后可以得出加固钢梁的裂纹尖端屈服力矩如下

$$\begin{cases} M_{y,\,steel}=\dfrac{f_y I_{0,\,y}}{x_y} \\ M_{y,\,CFRP}=E_{CFRP}A_c\varepsilon_{cy}e_{cy} \\ M_{y,\,SMA}=E_{SMA}(30A_{s1}\varepsilon_{s1y}e_{sy}+35A_{s2}\varepsilon_{s2y}e_{cy}) \\ M_y=M_{y,\,steel}+M_{y,\,CFRP}+M_{y,\,SMA} \end{cases}$$

(5-2)

其中，f_y 是经应力集中系数修正的钢屈服应力；$I_{0,\,y}$ 是裂纹处组合截面的惯性矩；E_{CFRP} 是 CFRP 布的弹性模量；E_{SMA} 是 SMA 弹性模量（奥氏体）；e_{sy} 是受拉翼缘

顶部与中性轴之间的距离；e_{cy} 是受拉翼缘底部与中性轴之间的距离。

当加固后的钢梁达到最大允许承载状态（腹板处的塑性面积为钢梁截面高度的 0.125 倍）时，应变分布如图 5-13（b）所示。在此状态下，不考虑塑性变形引起的应力集中效应。因此，可以根据截面的力平衡给出式（5-3）

$$1/2\left(\varepsilon_{1m}+\frac{h_2-x_m-t}{h_2-x_m}\varepsilon_{1m}\right)btE_{steel}+1/2\frac{(h_2-x_m-t)^2}{h_1-x_m}\varepsilon_{1m}dE_{steel} \qquad (5-3)$$
$$=ah_2df_m+1/2(x_m-ah_2)df_m+A_c\varepsilon_{cm}E_{CFRP}+(A_{s1}\varepsilon_{s1m}+A_{s2}\varepsilon_{s2m})E_{SMA}$$

其中，x_m 是裂纹尖端到中性轴的距离；h_2 是塑性区顶部到梁顶部的距离；a 是塑性发展系数，在本研究中取 0.125；ε_{1m} 是梁顶部的压应变；f_m 是钢屈服应力；ε_{cm} 是 CFRP 应变；ε_{s1m} 为受拉翼缘顶部 SMA 钢丝的总应变；ε_{s2m} 为受拉翼缘底部 SMA 钢丝的总应变；E_{steel} 为钢弹性模量。

根据式（5-3），可以计算出 x_m；然后，加固钢梁的最大允许力矩可按式 5-4 求得

$$\begin{cases} M_{m,steel}=\dfrac{f_mI_{0,m}}{x_m} \\ M_{m,CFRP}=E_{CFRP}A_c\varepsilon_{cm}e_{cm} \\ M_{m,SMA}=E_{SMA}(30A_{s1}\varepsilon_{s1m}e_{sm}+35A_{s2}\varepsilon_{s2m}e_{cm}) \\ M_m=M_{m,steel}+M_{m,CFRP}+M_{m,SMA} \end{cases} \qquad (5-4)$$

其中，$I_{0,m}$ 是考虑塑性发展深度的组合截面惯性矩；e_{sm} 是受拉翼缘顶部到中性轴的距离；e_{cm} 是受拉翼缘底部到中性轴的距离。

5.2.3　模型验证

根据式（5-2）和式（5-4），计算出 SMA/CFRP 复合加固钢梁的裂纹尖端屈服力矩和最大允许力矩，如表 5-2 所示。试验得到的 BSC1、BSC2 和 BSC3 试件裂纹尖端屈服力矩分别为 5.18 kN·m、5.34 kN·m 和 5.24 kN·m，而理论计算裂纹尖端屈服力矩为 4.71 kN·m，理论结果与试验结果的平均偏差小于 10.3%。试验得到的 BSC1、BSC2 和 BSC3 试件最大力矩（当塑性深度发展到距离裂纹顶端 13.2 mm 时 G13 中记录的屈服应变确定）分别为 7.40 kN·m、7.97 kN·m 和 7.37 kN·m，而理论计算得出的最大力矩为 7.04 kN·m，理论结果与试验结果的偏差小于 7.1%。试验结果与理论结果偏差较小，理论推导方程具有较好的准确性。

表 5-2　试验结果与理论结果对比

试件	裂纹尖端屈服弯矩/(kN·m)		偏差	最大允许弯矩/(kN·m)		偏差
	$M_{y, exp.}$	$M_{y, ana.}$		$M_{m, exp.}$	$M_{m, ana.}$	
BCS1	5.18		9.1%	7.40		4.9%
BCS2	5.34	4.71	11.8%	7.97	7.04	11.7%
BCS3	5.24		10.1%	7.37		4.5%
平均值	5.25		10.3%	7.58		7.1%

5.3　疲劳性能研究

5.3.1　试验设计

为了研究 SMA/CFRP 复合加固对带裂纹钢梁疲劳性能的影响,共制备了 12 个试件,同样采用了三种加固方式(CFRP 加固、SMA 加固和 SMA/CFRP 复合加固),具体如表 5-3 所示。试件尺寸与各类加固方式均与 5.1 节中 SMA 加固钢梁的抗弯承载力试验设计一致。

表 5-3　疲劳试件工况及结果

试件	加固方式	疲劳荷载幅/kN	N_i	N_d	N_f	α_f	实现模式
BS0.5		3.5~17.5	1680	—	36157	1	BR
BS0.6	SMA 加固	3.5~21	1103	—	16912	1	BR
BS0.7		3.5~24.5	695	—	11017	1	BR
BS0.8		3.5~28	107	—	7875	1	BR
BC0.5		3.5~17.5	5328	21000	78395	2.2	BR + A/S
BC0.6	CFRP 加固	3.5~21	4261	15895	53169	3.1	BR + A/C
BC0.7		3.5~24.5	2438	8760	28203	2.6	BR + A/C + CR
BC0.8		3.5~28	463	2789	9101	1.2	BR + A/C + CR
BSC0.5		3.5~17.5	20347	240000	340198	9.4	BR + A/C
BSC0.6	SMA/CFRP 复合加固	3.5~21	7257	63124	106825	6.3	BR + A/S
BSC0.7		3.5~24.5	5569	40823	51454	4.7	BR + A/C
BSC0.8		3.5~28	1240	15943	20172	2.6	BR + A/C

注:N_i 为腹板裂纹萌生寿命,N_d 为界面剥离起始寿命,N_f 为疲劳寿命,α_f 为与相应对照试样相比的疲劳寿命增加率,BR、A/C、A/S 和 CR 分别代表钢梁疲劳断裂、胶/CFRP 界面剥离、胶/钢界面剥离和 CFRP 断裂。

5.3.2 加载装置及测试程序

采用 MTS（Landmark 370.50）疲劳试验机对加固梁进行四点疲劳弯曲试验，试验加载装置和加载制度如图 5-14 所示。疲劳加载以正弦加载方式，加载频率为 8 Hz。在疲劳试验之前，先对未加固梁进行静载试验，得到极限荷载 P_u 为 35 kN，从而确定疲劳荷载范围。疲劳试验中，疲劳荷载下限值为 $0.1 P_u$，即 3.5 kN，以确保钢梁与支座之间的紧密接触。疲劳荷载上限值分别为 $0.5 P_u$、$0.6 P_u$、$0.7 P_u$ 和 $0.8 P_u$，即分别为 17.5 kN、21 kN、24.5 kN 和 28 kN。采用不同的最大荷载是为了研究荷载振幅对修复梁疲劳性能的影响。

 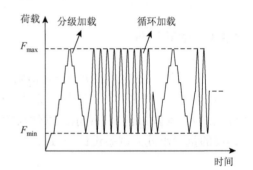

图 5-14 疲劳加载装置和加载制度

此外，当循环加载一定次数后对试件进行分级加载，以测量应变、挠度和腹板裂纹扩展情况。分级加载是从疲劳下限值到疲劳上限值，然后卸载回到疲劳下限值。在试验过程中，MTS 内置数据采集系统记录了加载荷载、挠度、应变和疲劳加载次数。对于 CFRP 和 SMA/CFRP 复合加固试件，在 CFRP 布纵轴线上布置了 15 个应变片。对于 SMA 加固试件，SMA 贴片两端上都安装 4 个应变片。钢梁腹板裂纹尖端布置一个应变片（Ga），以监测腹板裂纹的产生。一旦应变片 Ga 失效，相应的循环加载次数就定义为裂纹萌生寿命。试验加载一直持续到 CFRP 布完全剥离或跨中挠度大于 20 mm。

5.3.3 疲劳结果分析

1. 失效模式

试件的疲劳破坏模式如图 5-15 所示。在试验过程中，由于应力集中，腹板裂纹从裂纹尖端开始，并随着疲劳次数的增加向钢梁的受压翼缘扩展。对于 CFRP

或 SMA/CFRP 复合加固试件，随着腹板裂纹的扩展，裂纹处界面发生剥离，并随着疲劳次数增加扩展到 CFRP 布的自由端。当腹板裂纹达到一定长度时，CFRP 布的一端完全剥离，而另一端的一部分仍粘贴在钢梁上。对于 SMA 贴片修复试件，只有腹板裂纹向钢梁的受压翼缘扩展，即使试件加载失效，SMA 贴片也未脱落。

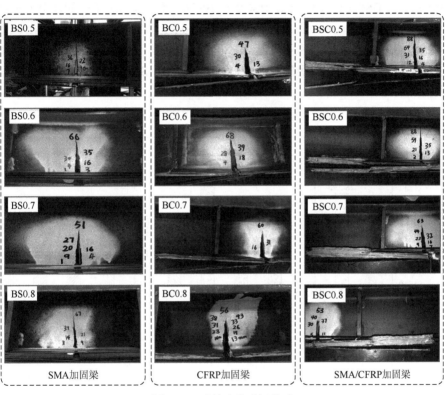

图 5-15　试件疲劳破坏模式

2. 疲劳寿命

表 5-3 总结了腹板裂纹萌生寿命、界面剥离起始寿命和疲劳寿命。从表中可以看出，随着疲劳荷载幅的减小，相同加固方式的试件腹板裂纹萌生寿命和疲劳寿命呈现出类似的增长趋势。图 5-16 比较了所有试件的疲劳寿命。从图中可以看出，不同加固方法对钢梁疲劳性能的提升效果明显不同。在疲劳荷载幅相同的情况下，SMA 加固试件的腹板裂纹萌生寿命和疲劳寿命最低，其次是 CFRP 加固试件，SMA/CFRP 复合加固试件的效果最佳。虽然 SMA 加固可以在钢梁中产生预应力，但 SMA 丝的轴向刚度相对 CFRP 布较小，导致受拉翼缘的应力分担较少。因此，SMA 贴片的疲劳加固效果不如 CFRP 布。此外，SMA/CFRP 复合加固后试

件的疲劳寿命甚至大于 SMA 和 CFRP 单独加固后的总和，这表明 SMA 和 CFRP 复合加固产生的协同效应可显著提高钢梁的疲劳寿命。

　　此外，疲劳荷载幅也会显著影响相同加固方式下加固试件的疲劳寿命。随着疲劳荷载幅的减小，加固试件的疲劳寿命持续增加。与 SMA 加固试件相比，当疲劳荷载幅从 $0.8\,P_u$ 减小到 $0.5\,P_u$ 时，SMA/CFRP 加固试件的疲劳寿命延长了 2.6 到 9.4 倍。与 BSC0.8 试件相比，BSC0.7、BSC0.6 和 BSC0.5 试件的疲劳寿命延长率分别为 2.6、5.3 和 16.9 倍。当疲劳荷载幅从 $0.8\,P_u$ 减小到 $0.5\,P_u$ 时，SMA/CFRP 加固试件的疲劳寿命与单独采用 CFRP 和 SMA 加固试件疲劳寿命之和的比值从 1.19 倍增加到 2.97 倍，表明随着疲劳荷载幅的减小，SMA/CFRP 复合加固的协同效应更加明显。

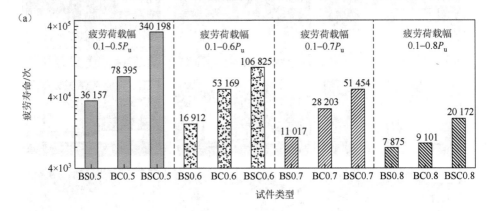

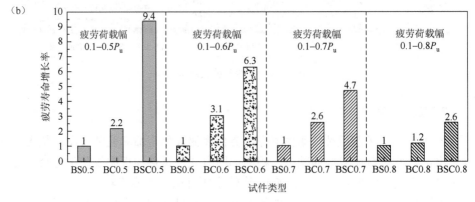

图 5-16　试件疲劳寿命

　　表 5-3 还列出了 CFRP 布和 SMA/CFRP 复合加固试件的界面剥离起始寿命 N_d。可以发现，SMA/CFRP 复合加固不仅抑制了钢梁腹板裂纹的扩展，还延迟

了界面剥离的发生。当疲劳荷载幅从 $0.8\,P_u$ 减小到 $0.5\,P_u$ 时，CFRP 加固试件的 N_d 值分别为 2789、8760、15 895 和 21 000，而 SMA/CFRP 复合加固试件的 N_d 值分别为 15 943、40 823、63 124 和 240 000，表明 SMA/CFRP 复合加固能显著延缓界面剥离。CFRP 加固试件的 N_i 值约占整个疲劳寿命的 31%、31% 和 30%，而 SMA/CFRP 复合加固试件的 N_i 值约占整个疲劳寿命的 79%、79% 和 71%。这表明 SMA/CFRP 复合材料加固不仅能提高界面剥离寿命，还能大大提高其在整个疲劳寿命中所占的比例。

3. 应变分布

利用裂纹尖端的应变发展可以分析出不同疲劳荷载幅下的各加固方法对裂纹的抑制效果。裂纹尖端应变随疲劳循环次数的变化如图 5-17 所示。比较试件 BS0.7、BC0.7 和 BSC0.7，可以发现 SMA/CFRP 复合加固的裂纹抑制效果最好，其次是 CFRP 布，最差的是 SMA 贴片。原因是 SMA 的轴向刚度太小，难以抑制裂纹扩展。比较试件 BSC0.5、BSC0.6、BSC0.7 和 BSC0.8，可以发现相同疲劳循环次数下，裂纹尖端的应变值随着疲劳荷载幅的减小而加速下降，这表明 SMA/CFRP 复合加固在低疲劳荷载幅的工况下对裂纹尖端应力场的改善更为有效。

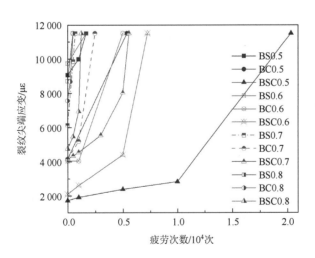

图 5-17　裂纹尖端应变发展曲线（后附彩图）

图 5-18 展示了 CFRP 加固试件和 SMA/CFRP 复合加固试件的 CFRP 布应变发展情况。由于初始裂纹的存在，应变集中出现在中跨处，并随着中跨距离的增加呈下降趋势。随着疲劳次数的增加，裂纹位置附近的界面开始产生累积疲劳损伤，进而引发界面剥离，导致中跨附近的应变不断增加且数值趋于相同。随着疲

劳次数的不断增加，应变集中区域逐渐向 CFRP 布端部转移。当试件加载至失效时，CFRP 布中的大部分应变值均较大且几乎一致。

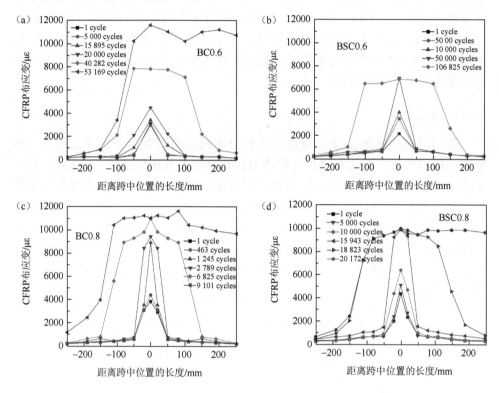

图 5-18　CFRP 布应变分布曲线

对比 CFRP 加固和 SMA/CFRP 复合加固试件的应变发展，可以发现在相同的疲劳次数下，SMA/CFRP 复合加固试件的 CFRP 布应变值略低于 CFRP 加固试件。这是因为 SMA/CFRP 加固减缓了腹板的裂纹增长速度，从而减少了 CFRP 布上分担的荷载。这也是 CFRP 加固试件出现 CFRP 布破裂失效模式，而 SMA/CFRP 复合加固试件仅出现界面剥离失效模式的原因。由于试件 BSC0.6 出现了 A/S 界面破坏模式，相应的 CFRP 布应变低于其他 SMA/CFRP 复合加固试件。

对于 SMA 加固的试件，在 CFRP 布上安装了四个应变片，以监测其应力状况。结果发现，每个试件的应变分布都很相似，最大应变出现在靠近中跨的一侧，并随着中跨距离的增加而不断减小。图 5-19 比较了所有试件在疲劳加载期间的最大应变发展情况。显然，在疲劳过程中，CFRP 布的应变值及其增量都很小。这主要是因为 SMA 的轴向刚度远小于钢材的轴向刚度，因此 SMA 贴片所分担的荷

载很小。同时这也是没有 SMA 丝从 CFRP 布拔出且 SMA 贴片未从钢梁上脱落的
原因。

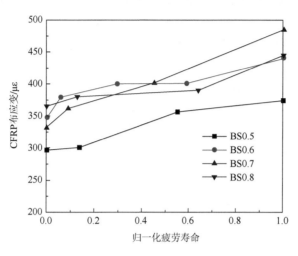

图 5-19　CFRP 布应变

4. 界面剥离与腹板裂纹扩展

在相同的疲劳荷载幅下，不同加固方式下试件腹板裂纹扩展模式明显不同。
以 $0.5 P_u$ 荷载水平下的加固试件为例，如图 5-20（a）所示。随着疲劳次数的增加，
试件 BS0.5 的裂纹增长几乎呈线性增长，而试件 BC0.5 和 BSC0.5 则呈现出先缓
慢增长后加速增长的趋势。此外，试件 BSC0.5 的裂纹扩展速度最慢。图 5-20（b）
展示了相应的裂纹增长速率，在给定的腹板裂纹长度下，试件的疲劳裂纹增长速
率由高到低依次为 SMA 加固试件、CFRP 加固试件和 SMA/CFRP 复合加固试

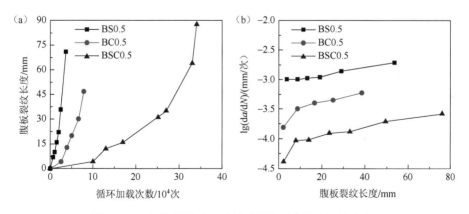

图 5-20　不同加固方式下腹板裂纹扩展曲线和扩展速率

件。这是因为 SMA 和 CFRP 的协同效应显著改善了裂纹尖端附近的应变场。此外，当试件失效时，SMA/CFRP 复合加固试件的腹板裂纹扩展长度也大于其他两种加固方式。这表明 SMA/CFRP 复合加固能更好地抑制腹板裂纹扩展，改善带裂纹钢梁的疲劳性能。如表 5-3 所示，由于更慢腹板裂纹扩展速率和更长的腹板裂纹扩展长度，因此 SMA/CFRP 复合加固试件的疲劳寿命提高到了对照试件的 2.6～9.4 倍。

图 5-21 比较了不同疲劳荷载幅下 SMA/CFRP 复合加固试件的腹板裂纹扩展情况。从图中可以明显看出，随着疲劳荷载幅的减小，腹板裂纹抑制效果越发明显。与试件 BSC0.8 相比，试件 BSC0.7、BSC0.6 和 BSC0.5 的初始腹板裂纹增长率分别降低了 52.5%、58.1% 和 90.5%。此外，随着疲劳次数的增加，加固试件的裂纹增长率呈上升趋势。然而，随着疲劳荷载幅的减小，裂纹增长率的增幅也随之减小。疲劳荷载幅值减小后，加固试件的腹板裂纹扩展更平缓，腹板裂纹长度更长，表明低荷载幅下的加固梁的疲劳加固效果更为显著。

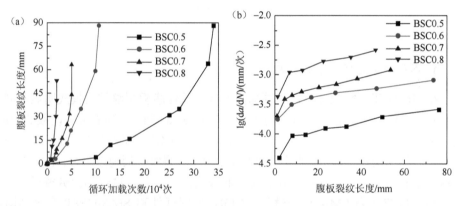

图 5-21　不同疲劳荷载幅值下 SMA/CFRP 复合加固试件的腹板裂纹扩展曲线和扩展速率

剥离区域与 CFRP 布的应变梯度有关[4-5]，因此，可以通过 CFRP 布的应变分布来评估界面剥离情况。根据不同疲劳次数下记录的 CFRP 布应变梯度，可比较各试件的界面剥离长度，如图 5-22（a）所示。在不同的疲劳荷载幅下，CFRP 加固试件和 SMA/CFRP 复合加固试件的界面剥离过程相似。在纯弯段内，每个试件的界面剥离速度相对缓慢且稳定。一旦界面剥离至纯弯段外，界面剥离速率就会迅速加快。图 5-22（b）比较了纯弯段内的平均界面剥离速率。在相同的疲劳荷载幅下，SMA/CFRP 复合加固试件的界面剥离速率明显慢于 CFRP 加固试件。BSC0.8 试件的平均界面剥离速率是 BC0.8 试件的 34.5%，而 BSC0.5 试件的平均界面剥离速率仅为 BC0.5 试件的 14.8%，这表明疲劳荷载幅的降低可以明显延缓界面剥离过程。SMA/CFRP 复合加固试件界面剥离延缓的原因可以总结为以下三个方面：

①热激励后 SMA 丝产生的压应力约束了裂纹的张开，从而减少了裂纹位置处界面应力集中；②较厚的胶层可降低缺口位置的界面应力；③SMA 丝可分担胶层部分的纵向力，从而影响界面应力。

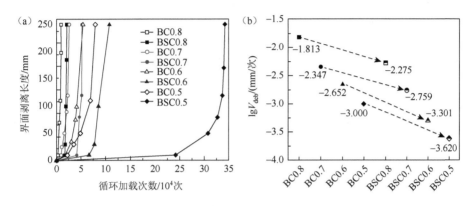

图 5-22　加固梁截面剥离长度及截面剥离速率

5. 疲劳刚度退化

在相同荷载幅下，SMA 加固试件的挠度增长速度最快，而 SMA/CFRP 复合加固试件的挠度增长速度最慢。与其他两种加固方法相比，SMA/CFRP 复合加固能有效减缓峰值荷载下挠度的增加速率，从而减缓加固梁的刚度退化。图 5-23 比较了不同疲劳次数下加固钢梁的刚度（一个循环周期内荷载范围与挠度差的比值）与初始刚度的关系。如图所示，所有试件的刚度都随着疲劳次数的增加而逐渐减小。从图 5-23（a）中可以看出，试件 BSC0.5 的刚度下降率最低，表明 SMA/CFRP

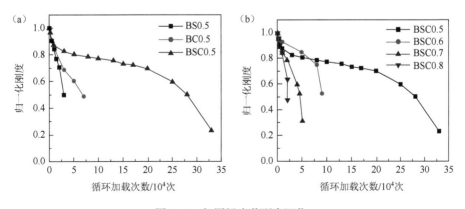

图 5-23　加固梁疲劳刚度退化

加固改善刚度衰减率方面更为有效。当试件疲劳破坏时，试件 BS0.5、BC0.5 和 BSC0.5 的残余刚度分别为 50.1%、49%和 23.3%，这表明三种加固技术都能有效利用裂纹钢梁的疲劳残余强度。其中，SMA 加固与 CFRP 加固的剩余强度利用率相近，SMA/CFRP 复合加固的剩余强度利用率最高，表明 SMA/CFRP 复合加固在改善钢梁疲劳性能方面更为有效。试件 BSC0.5 的剩余刚度小于其他两个试件，因为在疲劳加载过程中其腹板裂纹扩展长度最长。而图 5-23（b）表明，疲劳荷载幅也会明显影响加固梁的疲劳刚度和刚度退化过程。

6. 疲劳加固机制

从前述结果可以看出，低疲劳荷载幅工况下 SMA/CFRP 复合加固比 CFRP 加固具有更显著的修复效果。而两种加固方式的区别在于 SMA/CFRP 复合加固中额外使用了 SMA 材料。为了讨论 SMA 对加固效率的有利影响，本节采用式（5-5）计算加固试件纯弯段内受拉翼缘（完好截面）的最大弯曲名义应力σ_{st}。在计算最大弯曲名义应力时，根据与钢材相应的弹性模量比，将 CFRP 布和 SMA 丝的横截面积等效转换为钢材的横截面积。

$$\sigma_{st} = \frac{(M_1 - M_2)h}{2I_0} - \frac{F_2}{A_0} \tag{5-5}$$

其中，σ_{st} 为加固试件纯弯段内受拉翼缘（完好截面）的最大弯曲应力；M_1 和 M_2 分别为外加弯矩和 SMA 贴片引起的弯矩；F_2 为 SMA 贴片引起的轴向力；I_0 为加固截面惯性矩；A_0 为加固梁的换算面积；h 为钢梁高度。

根据式（5-5）和表 5-3 计算出各工况下加固试件的弯曲名义应力幅，并将其与对应工况下加固试件腹板裂纹萌生寿命的对数值关系展示在图 5-24 中，可以看出弯曲名义应力幅与腹板裂纹萌生寿命的对数值呈现出线性关系。将数据拟合后得到 SMA 加固梁、CFRP 加固梁和 SMA/CFRP 复合加固梁的三个最佳拟合方程式为式（5-6）、式（5-7）和式（5-8）。拟合直线的斜率从高到低分别为 SMA 加固组、SMA/CFRP 加固组和 CFRP 加固组。这表明，SMA 贴片实现的主动（或预应力）加固方法可以提高低疲劳荷载范围下腹板裂纹的加固效率。然而，由于 SMA 丝的轴向刚度相对较低，导致 SMA 加固试件的腹板裂纹萌生寿命最低。应用模量更高的 SMA 材料将有助于进一步抑制腹板裂纹的产生，因为其具有更高的荷载分担能力。此外，与 CFRP 组相比，SMA/CFRP 组的斜率略高，腹板裂纹萌生寿命也更长，这反映了 SMA/CFRP 复合材料在抑制裂纹萌生方面的有效性。所提出的最佳拟合线也为相同加固方式下加固梁的腹板裂纹萌生寿命的估算采用提供了参考。

$$\Delta\sigma_1 = 162.77 - 31.43 \times \lg(N_i) \tag{5-6}$$

$$\Delta\sigma_2 = 189.12 - 33.97 \times \lg(N_i) \tag{5-7}$$

$$\Delta\sigma_3 = 199.47 - 33.61 \times \lg(N_i) \tag{5-8}$$

其中，$\Delta\sigma_1$、$\Delta\sigma_2$ 和 $\Delta\sigma_3$ 分别为 SMA 加固试件、CFRP 加固试件和 SMA/CFRP 复合加固试件的弯曲名义应力幅；N_i 为腹板裂纹起始寿命。

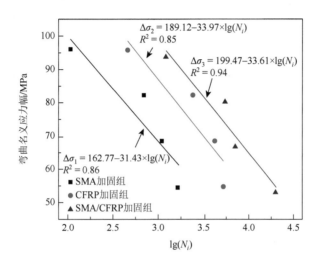

图 5-24　弯曲名义应力幅腹板无裂纹寿命关系

通常情况下，控制裂纹扩展速率的有效应力强度因子与加固梁弯曲名义有效应力幅 $\Delta\sigma_{\mathrm{eff}}$ 有关。为了分析 SMA 加固方法提供的额外优势，提出了有效应力幅相对变化量 RV，可通过式（5-9）计算。

$$\mathrm{RV} = \frac{\Delta\sigma_{\mathrm{eff,\,CFRP}} - \Delta\sigma_{\mathrm{eff,\,SMA/CFRP}}}{\Delta\sigma_{\mathrm{eff,\,CFRP}}} \tag{5-9}$$

其中，$\Delta\sigma_{\mathrm{eff,\,CFRP}}$ 和 $\Delta\sigma_{\mathrm{eff,\,SMA/CFRP}}$ 分别为 CFRP 加固试件和 SMA/CFRP 复合加固试件的弯曲名义有效应力幅。

对不同的疲劳荷载幅下加固试件的有效应力幅相对变化量进行了计算，最大疲劳荷载从 $0.9\,P_{\mathrm{u}}$ 减小到 $0.2\,P_{\mathrm{u}}$，最小疲劳荷载为 $0.1\,P_{\mathrm{u}}$。此外，将不同荷载水平下有效应力幅相对变化量进行归一化处理，如图 5-25 所示。由于热激励后的 SMA 贴片产生了预应力，随着疲劳荷载幅的减小，有效应力幅相对变化量呈上升趋势。这表明 SMA 贴片的应用可以减缓腹板裂纹的扩展速度，尤其是在低疲劳荷载幅下。参考文献[6]指出，疲劳极限通常约为静态加载下极限破坏应力的 30%。因此，SMA/CFRP 复合加固方式在工程实践中应用优势明显，也表明主动加固方法比被动加固方法在低疲劳荷载范围下更具实用性。

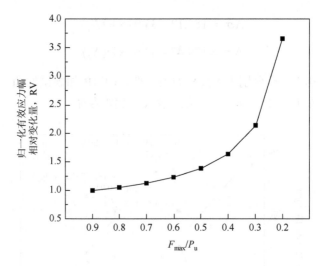

图 5-25　不同疲劳幅值范围下有效应力强度因子变化规律

5.4　本章小结

本章研究 SMA/CFRP 复合加固对缺陷钢梁的静力性能和疲劳性能的加固效果，得到如下结论：

（1）SMA/CFRP 复合加固可以提高带裂纹钢梁的承载能力、刚度和裂纹扩展。与带裂纹钢梁相比，CFRP 布、SMA 贴片和 SMA/CFRP 加固梁的极限荷载分别提高了 39.5%、36.7% 和 79.2%；刚度分别提高了 33.1%、32.2% 和 57.9%；裂纹尖端屈服荷载分别提高了 70%、125% 和 230%。提出了 SMA/CFRP 复合加固裂纹钢梁的裂纹尖端屈服力矩和最大允许力矩的计算公式。裂纹尖端屈服力矩和最大允许力矩的理论结果与试验结果偏差分别小于 10.3% 和 7.1%，证明了计算公式的准确性。

（2）疲劳试验中，CFRP 布和 SMA/CFRP 加固试件的裂纹尖端首先开裂，随后粘结界面开始剥离。SMA/CFRP 复合加固试件的腹板裂纹长度最大，这表明 SMA/CFRP 加固能更好地利用带裂纹钢梁的强度。此外，随着疲劳荷载幅的减小，SMA/CFRP 复合材料修复的试件显示出更长的腹板裂纹长度。

（3）SMA 和 CFRP 复合加固产生的协同效应可显著影响钢梁的疲劳寿命。SMA/CFRP 复合加固后试件的疲劳寿命甚至大于仅 SMA 和 CFRP 加固后试件的总和。与 BSC0.8 试件相比，BSC0.7、BSC0.6 和 BSC0.5 试件的疲劳寿命分别增长为 2.6、5.3 和 16.9 倍。随着疲劳荷载幅从 $0.8 P_u$ 减小到 $0.5 P_u$，SMA/CFRP 修复试件的疲劳寿命与仅 CFRP 和 SMA 修复试件之和的比值从 1.19 倍增加到 2.97 倍，表明随着疲劳荷载幅的减小，SMA/CFRP 复合加固的协同效应更加明显。

（4）SMA/CFRP 复合加固可显著延缓界面剥离。随着疲劳荷载的减小，CFRP 加固试件的界面剥离起始寿命与疲劳寿命之比分别约为 31%、31%、30% 和 26.8%，而 SMA/CFRP 加固试件的界面剥离起始寿命与疲劳寿命之比分别为 79%、79%、59% 和 71%。这表明，SMA/CFRP 复合材料加固不仅能提高界面脱粘寿命，还能大大提高其在整个疲劳寿命中所占的比例。

（5）SMA/CFRP 复合加固能更好地抑制腹板裂纹扩展，改善裂纹钢梁的疲劳性能。疲劳裂纹增长率由高到低排序分别为 SMA、CFRP 和 SMA/CFRP 加固试件。此外，随着疲劳荷载幅的减小，腹板裂纹的扩展更加平缓，腹板裂纹长度也更长，这表明在低疲劳荷载水平下，加固梁的疲劳性能加固效果更加显著。

（6）SMA/CFRP 加固可减慢加固梁疲劳刚度退化。当试件疲劳破坏时，试件 BS0.5、BC0.5 和 BSC0.5 的残余刚度分别为 50.1%、49% 和 23.3%。此外，随着疲劳荷载幅的减小，SMA/CFRP 加固梁的刚度维持效果越来越显著。

参 考 文 献

[1] Li J H, Deng J, Wang Y, et al. Experimental study of notched steel beams strengthened with a CFRP plate subjected to overloading fatigue and wetting/drying cycles[J]. Composite Structures, 2019, 209: 634-643.

[2] 周乐, 张建鹏, 白云皓. CFRP 布加固受弯钢梁试验研究与理论分析[J]. 沈阳大学学报（自然科学版）, 2014, 26（05）: 391-395.

[3] Hmidan A, Kim Y J, Yazdani S. Correction factors for stress intensity of CFRP-strengthened wide-flange steel beams with various crack configurations[J]. Construction and Building Materials, 2014, 70: 522-530.

[4] Doroudi Y, Fernando D, Zhou H, et al. Fatigue behavior of FRP-to-steel bonded interface: An experimental study with a damage plasticity model[J]. International Journal of Fatigue, 2020, 139: 105785.

[5] Yu Q Q, Wu Y F. Fatigue retrofitting of cracked steel beams with CFRP laminates[J]. Composite Structures, 2018, 192: 232-244.

[6] Deng J, Lee M M K. Fatigue performance of metallic beam strengthened with a bonded CFRP plate[J]. Composite Structures, 2007, 78（2）: 222-231.

第6章　SMA 丝加固钢筋混凝土柱的试验研究及理论分析

钢筋混凝土柱是建筑中常见的基础结构设施，其力学性能决定了上层建筑的安全性和使用寿命。此外，钢筋混凝土柱在服役过程中常常会因为地震或者车辆、船舶的撞击等导致损伤。受损的钢筋混凝土柱常常伴随着承载力、延性等性能指标的下降，会引起重大安全事故，威胁生命财产安全。因此，有必要对受损钢筋混凝土柱开展紧急修复方法研究。本章采用 SMA 丝对钢筋混凝土柱开展加固试验研究，对加固前后结构的力学性能展开对比分析，评估预应力 SMA 丝加固效果，并提出用于计算 SMA 预应力加固的钢筋混凝土柱轴向承载力理论计算公式。

6.1　预应力 SMA 丝加固钢筋混凝土柱试验研究

本节介绍了 SMA 丝缠绕加固的钢筋混凝土柱轴向压缩试验研究，具体包括试验材料与性能、试件制作与加固方案、轴向压缩试验、试验结果分析，其中加固对象包含了无损钢筋混凝土柱和带有预损伤的钢筋混凝土柱。根据已有文献和前面章节的研究，影响 SMA 丝回复力的主要因素有：预变形温度、预变形量、最大热激励温度、热处理条件等。经过对 SMA 丝材料性能的前期探索，发现在常温下对 SMA 丝进行预变形并且热激励同样可以获取较大的回复力，故本章的预变形温度选择为室温。综上所述，为了最大程度发挥出 SMA 丝的性能，本章将着重研究 SMA 丝的最佳预变形量、相变温度参数、热激励方式以及加固后的力学性能。

6.1.1　SMA 丝选材与材料性能试验

1. SMA 材料选择

使用 SMA 对实际工程中的混凝土构件进行预应力加固，其加固效果取决于SMA 恢复至常温后的残余应力。相较于其他类型的形状记忆合金，镍钛铌基形状记忆合金（NiTiNb-SMA）的相变滞后宽度更大，这一特点使其在加热并冷却至室温后仍能够保持较大的回复力，并且该回复力可以满足结构加固的要求。

本章所用 SMA 丝为宝鸡润阳稀有金属有限公司生产的 NiTiNb-SMA 丝，其直径为 2 mm，呈银白色，表面光滑，无划痕、裂纹、起皮、起刺、斑疤和夹杂等缺陷。经过测量，其直径精度为±0.1 mm，在误差允许的范围内。该 NiTiNb-SMA 丝样品与成分比例见表 2-2 所示。

2. SMA 材料处理

对 SMA 材料进行退火处理，可使其产生形状记忆效应并提高其硬度和强度。热处理设备及方法如 2.3.2 节所述，采用 KSL-1200X-M 箱式马弗炉进行热处理，温度设定为 900℃，所有样品的加热时间为 20 分钟，随后将 SMA 丝取出置于沙盘中进行空气冷却。

3. SMA 丝拉伸试验

对退火后 NiTiNb-SMA 丝的力学性能进行测试，明确其力学性能指标，并根据整个拉伸断裂过程中 SMA 丝呈现的试验现象，判断出 NiTiNb-SMA 丝最佳预变形量所处的大致区间，为后续的最佳预变形量的测定提供参考。对三根长度为 250 mm 的退火后的 NiTiNb-SMA 丝开展拉伸试验。采用自主设计的单侧挤压式夹具对 SMA 丝在电子万能试验机上进行锚固，如图 6-1 所示。试验在德国 Hegewald & Peschke 公司生产的电子万能试验机上完成，拉伸速率为 1.8 mm/min，SMA 丝断裂，试验停止。

图 6-1　自主设计的单侧挤压式锚具

拉伸试验结果以及试验过程中 SMA 丝形貌变化如图 6-2 所示

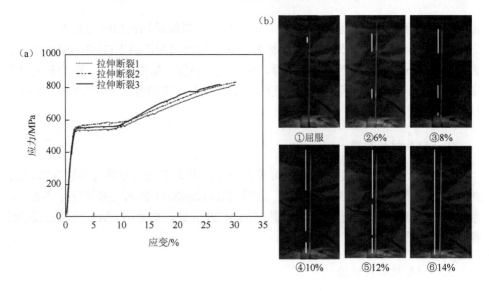

图 6-2　NiTiNb 形状记忆合金丝拉伸试验

（a）拉伸过程中应力-应变曲线，（b）拉伸过程中 SMA 外观变化

如图 6-2（a）所示，高温退火态 NiTiNb-SMA 丝的屈服应变约为 2%，屈服强度约为 550 MPa，其弹性模量约为 25.5 GPa，极限应变约为 29.5%，极限强度约为 820 MPa。以上结果表明：常温下该 NiTiNb-SMA 丝处于奥氏体状态。随着 NiTiNb-SMA 丝的拉伸变形量增长到一定值，其在常温状态下所维持的奥氏体相将向马氏体相转化，并且变形量越大，该过程的不可逆性越强，该常温拉伸过程被称为应力诱发马氏体相变。一般地，马氏体的含量越多，获取的回复力越大。

在拉伸过程中，该种 NiTiNb-SMA 丝的外观变化如图 6-2（b）所示，白色段即为马氏体迁移相。由图 6-2（b）可知，在 SMA 丝变形量达到 2% 时，NiTiNb-SMA 丝中开始出现马氏体，该位置即为最早的屈服点。随着应变的增大，马氏体不断长大，并且会有新的马氏体条带形成，其含量不断增多。随着马氏体条带的不断长大与融合，当应变达到 14% 时，单从丝的外观上已无法判断马氏体含量的变化。根据该拉伸过程的试验现象，选定的最佳预变形量探索区间为 12%～18%。

4. 最优预变形量确定

根据前述拉伸试验结果，本节对 250 mm 长的 NiTiNb-SMA 丝分别拉伸 12%、14%、16%、18% 变形量，随后在 SMA 丝两端固定条件下，采用通电热激励的方式开展回复力测试。试验在前述万能试验机上完成。通电热激励设备由稳压直流电源、单头鳄鱼夹测试线两部分组成，稳压直流电源采用上海华阳电子仪器二厂生产的 SW-1800-30 电源。其工作的基本步骤为：①将 SMA 丝和穿心式压力传感器通过单侧挤压式锚具固定于支撑架；②通过鳄鱼夹将单头式鳄鱼夹测试线夹紧于 SMA 丝激励段的两端，同时将两条测试线分别与稳压直流电源的正负极相连；③将 K 型热电偶通过感温胶带固定于 SMA 丝中部，同时将热电偶与多路温度测试仪相连；④将穿心式压力传感器与采集仪相连，以便采集仪采集 SMA 丝的回复力数据；⑤将多路温度测试仪和采集仪的数据采集频率设置一致；⑥同时点击多路温度测试仪和采集仪的开始采集按钮，即可同步采集 SMA 丝的温度和回复力数据；⑦待达到期望的激励温度后，断开电流，停止加热。根据参考文献[1]，较为恰当的松紧度为 SMA 丝持有 5 MPa 的应力水平，换算成 2 mm 直径 SMA 丝的力为 16 N，通过调整支撑架上的内侧调节螺栓以及同步观察采集仪上力的数值即可达到该预设松紧度。根据参考文献[2]，选取 200℃作为激励温度。

在进行回复力测试前还必须确定将 NiTiNb-SMA 丝加热到 200℃所需的电流强度，本章采用 5 A、10 A 以及 14.5 A 电流强度的电流对其进行激励试验。激励电流强度试验结果如图 6-3 所示，当电流强度为 5 A 时，仅能将 NiTiNb-SMA 丝加热至约 50℃；当电流强度为 10 A 时，最高能将 NiTiNb-SMA 丝加热至约 125℃；当电流强度为 14.5A 时，足以将 NiTiNb-SMA 丝加热至 200℃，故本章通电激励的电流强度定为 14.5A。在该电流强度下，将 NiTiNb-SMA 丝激励至 200℃再冷却至室温仅需要约 12 分钟。

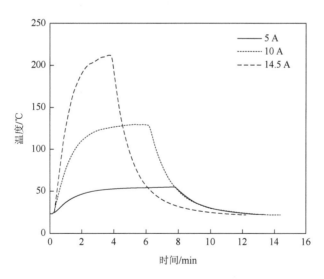

图 6-3 不同电流强度下 SMA 丝温度变化

图 6-4 为该种 NiTiNb-SMA 丝预应变为 12%、14%、16%、18%时对应的通电回复力测试结果。由图 6-4（a）可知，当激励温度达到 150℃时，12%、14%、18%预应变的 SMA 丝回复力已达到最大值，而 16%预应变对应的回复力依旧有上涨空间。

随着激励温度逐渐从 150℃增长到 200℃，12%、14%预应变 SMA 丝的回复力基本保持不变，而 18%预应变 SMA 丝有小幅下降。16%预应变 SMA 丝的回复力则在175℃附近达到最大，而后维持不变。在降温过程中，各种预应变 SMA 丝的回复力变化趋势基本一致：随着温度的下降，其回复力先有小幅增长，接近室温时，回复力开始下降，而后保持稳定。12%、14%、16%、18%预应变对应的室温条件下回复力分别为：288 MPa、308 MPa、336 MPa、291 MPa，如图 6-4（b）所示。

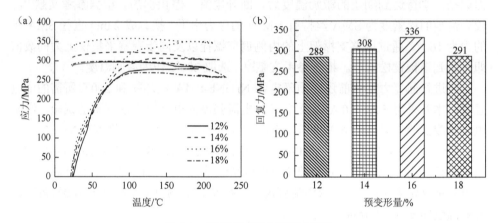

图 6-4　热激励过程中回复力变化
（a）通电热激励过程回复力变化，（b）室温下回复力

当预应变从 12%增长至 16%，SMA 丝室温下的回复力也同步增大；当预应变从 16%增大至 18%，其室温下回复力出现了下降。由此可知，该种 NiTiNb-SMA丝的最佳预变形量为 16%。

5. SMA 丝相变温度参数

SMA 丝有四个基本的相变参数：马氏体完成温度（M_f）、马氏体开始温度（M_s）、奥氏体开始温度（A_s）、奥氏体完成温度（A_f）。测定 NiTiNb-SMA 丝的四个基本相变温度参数可以判断出该种 NiTiNb-SMA 丝适用的环境温度区间。当 SMA 丝的相变滞后宽度区间包含普遍的环境温度，该种 SMA 丝热激励并冷却至室温的回复力才能永久维持，进而可以对实际结构的预应力持久加固。

根据前面的试验结果可知，16%为该 NiTiNb-SMA 丝的最佳预变形量，因此仅对预变形前以及预变形量为 16%的 NiTiNb-SMA 丝进行相变温度测试，确定其关键相变温度参数。该试验使用美国 TA 差示扫描量热仪 DSC250，具体测试步骤如下：①截取 1 段 50 mg 以下的丝材放置于差示扫描量热仪 DSC250 的坩埚内；②测试程序设置为：以 10℃/min 的速率将试样从–120℃升温至 200℃，然后再以

2℃/min 的速率将试样降温至−120℃；③测试完毕后导出数据，根据绘制的温度-
热流曲线图即可获取 SMA 丝的四个特征相变温度。

　　DSC 相变温度测试曲线如图 6-5 所示，预变形前后 SMA 丝的四个特征相变
温度见表 6-1。

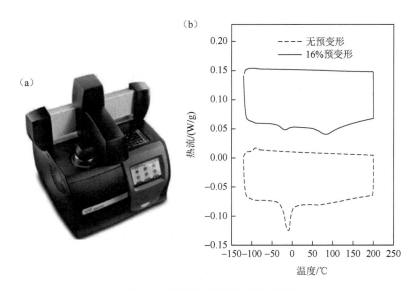

图 6-5　相变温度测试设备与结果

（a）差示热量扫描仪，（b）相变温度测试结果

表 6-1　NiTiNb-SMA 丝预变形前后相变温度参数

试件状态	M_f/℃	M_s/℃	A_s/℃	A_f/℃	相变滞后/℃
无变形	−100.88	−79.06	−26.79	0.55	52.27
16%变形	−111.60	−80.12	50.95	117.02	131.07

　　通过对比变形前后的相变温度参数，可以发现预变形后 NiTiNb-SMA 丝的
M_s、M_f 发生了小幅度下降，其 A_s、A_f 则有了明显的增大，从而使得相变滞后宽度
发生了大幅上涨。更加重要的是，预变形后 M_s 与 A_s 之间的温度区间为−80.12～
50.95℃，涵盖了普遍的环境温度，这意味着当激励温度恢复至环境温度后，该种
NiTiNb-SMA 丝的预应力可以在更大的温度范围内维持稳定，这是有效利用 SMA
丝形状记忆效应的前提。

　　综上，对 NiTiNb-SMA 丝进行预变形 16%后，其相变滞后宽度将会发生大幅
上涨，并且预变形后其 M_s 与 A_s 之间的温度区间涵盖了常见的环境温度，可以在
实际工程中实现 SMA 丝对结构的预应力持久加固。

6.1.2　混凝土材料及性能

本章的钢筋混凝土试件采用商品混凝土进行浇筑。根据《混凝土结构设计标准（2024 年版）》（GB/T 50010—2010）规定，本节在浇筑钢筋混凝土柱的同时制作了 3 个边长为 150 mm 的立方体以及 3 个直径 150 mm、高度 300 mm 的圆柱体。按照规范的规定，试件需要在标准养护［温度（20±2）℃、相对湿度在 95% 以上］条件下进行 28 d 龄期的养护。但由于钢筋混凝土柱所需的养护空间过大，无法使用恒温恒湿养护箱，故混凝土立方体、圆柱体试件采用与钢筋混凝土柱一样的湿度和温度养护，并且在正式试验开始前再对混凝土材性试块进行轴压试验，以便保持与钢筋混凝土柱各种参数一致。根据《混凝土物理力学性能试验方法标准》（GB/T 50081—2019），采用 MATEST 材料压缩机进行立方体与圆柱体轴压试验，其中立方体的加载速率为 0.5 MPa/s，圆柱体的加载速率为 0.18 mm/min，所得参数见表 6-2。

表 6-2　混凝土立方体与圆柱体轴心抗压强度

试件编号	荷载/kN	强度/MPa	平均强度/MPa	备注
立方体-1	1127.557	50.114		有效
立方体-2	1167.182	51.875	51.457	有效
立方体-3	1178.584	52.382		有效
圆柱体-1	691.897	39.153		有效
圆柱体-2	738.529	41.792	40.195	有效
圆柱体-3	700.518	39.641		有效

6.1.3　钢筋材料及性能

钢筋混凝土柱采用的纵筋型号为 HRB400，直径为 10 mm；箍筋采用的型号为 HPB300，直径为 6 mm。钢筋拉伸材性实测值如表 6-3 所示。

表 6-3　钢筋实测力学性能

钢筋种类	直径/mm	屈服强度/MPa	抗拉强度/MPa
纵筋	10	439	637
箍筋	6	309	592

6.1.4　试件设计与制作

本章试验对象分为未加固试件、无损加固试件、损伤后加固试件三种，其钢筋混凝土柱所有参数相同。无损加固试件是利用 NiTiNb-SMA 丝对完好钢筋混凝土柱开展加固，损伤后加固试件是指对钢筋混凝土柱进行预损伤，随后再利用 NiTiNb-SMA 丝对其进行加固。

1. 钢筋混凝土柱制作

试件的具体尺寸及配筋如图 6-6 所示。整个钢筋笼的加工过程如下：①打磨钢筋，为应变片粘贴作准备；②粘贴应变片；③涂防水胶，防止浇筑过程中应变片被浸泡；④包裹防撞胶以防振捣过程中应变片被损坏；⑤绑扎钢筋笼。钢筋笼加工过程见图 6-7。钢筋混凝土圆柱的浇筑模具采用内径 152 mm，高 450 mm的 PVC 管制作，具体浇筑过程分为模具制作、混凝土振捣、试件养护、拆模成型四步。

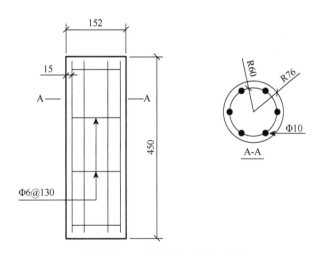

图 6-6　钢筋混凝土圆柱配筋示意图（单位：mm）

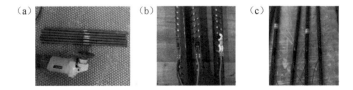

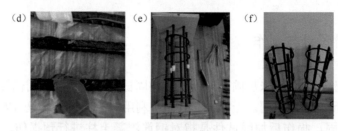

图 6-7　钢筋笼绑扎过程

(a) 钢筋打磨，(b) 粘贴应变片，(c) 涂防水胶，(d) 包裹防撞胶，(e) 钢筋笼绑扎，(f) 钢筋笼成型

2. 预损伤钢筋混凝土柱制作

在本书所开展的预应力 SMA 丝修复受损钢筋混凝土圆柱的轴压试验中，考虑了一种最常见的初始损伤水平。预损伤钢筋混凝土柱的制作是通过压力试验机的荷载控制，将试件预压到特定的荷载值后卸载[3]。这种引入损伤的方式可以使得钢筋混凝土柱产生损伤但不导致其彻底破坏而不能修复。为得到相应的初始损伤水平，采用了结构试验室中的 500 吨液压试验机将钢筋混凝土圆柱预加载到峰值应力（f_{max}），待荷载值下降至 $0.85f_{max}$ 时卸载，其应力-应变曲线见图 6-8（a），该种损伤水平可定义为较严重的损伤水平[4-8]，具体损伤情况见图 6-8（b）。经过相应的损伤后，钢筋混凝土圆柱表面出现了裂缝，并伴有轻微混凝土剥落。

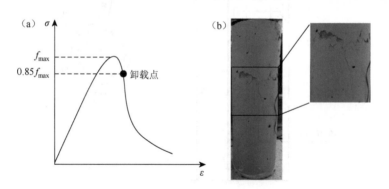

图 6-8　预损伤钢筋混凝土柱

（a）预损伤加载曲线，（b）预损伤钢筋混凝土柱

6.1.5　加固方案与试验设计

1. 试件设计与分组

采用 10 mm、20 mm 和 30 mm SMA 丝缠绕间距三种加固方案对无损伤钢筋

混凝土柱和受损钢筋混凝土柱进行加固，另有未加固无损伤和未加固预损伤钢筋混凝土圆柱作为参照组，通过轴压试验对比三组试件轴压力学性能差异，用于评价 SMA 丝对受损柱和无损柱的加固效果。详细的试验分组见表 6-4。

表 6-4　预应力 SMA 丝加固钢筋混凝土圆柱试件分组

试件编号	损伤程度	缠绕间距/mm	数量
C0	无损伤	无缠绕加固	3
H-10	无损伤	10	1
H-20	无损伤	20	1
H-30	无损伤	30	1
SMA-10	$0.85\,f_{max}$	10	3
SMA-20	$0.85\,f_{max}$	20	3
SMA-30	$0.85\,f_{max}$	30	3
N0	$0.85\,f_{max}$	无缠绕加固	1
合计			16

注："C0" 指对照组试件；"H-10" 指缠绕间距为 10 mm 的 SMA 丝加固无损伤试件，其余试件依此类推；"SMA-10" 指缠绕间距为 10 mm 的 SMA 丝修复受损试件，其余试件依此类推；"N0" 指损伤对照组，即损伤柱在不进行加固的情况下再进行一次轴压试验。

2. SMA 丝缠绕加固方法

研究团队基于单侧挤压式锚具自主设计了批量张拉装置，以便对大量丝材进行高效张拉，如图 6-9 所示。批量拉伸锚具主要由三部分组成：锚具基体、连接拉杆、锚固螺栓。锚具基体如图 6-9（a）所示，其正面开有 10 个容许 SMA 丝穿过的通孔，该预制通孔直径取为 2.3 mm，比 SMA 丝直径（2 mm）略大。锚具基体正面中间为 M12 螺纹孔，以便与连接拉杆进行螺纹连接。该批量拉伸锚具的顶面预制有 40 个 M6 螺纹孔，与单侧挤压式锚具相同，每根 SMA 丝由 4 个 M6 螺栓进行锚固，该 M6 螺纹孔深度恰好至 SMA 丝通孔的一半高度处。

连接拉杆如图 6-9（b）所示，其主要作用是将锚具基体与电子万能试验机连接成一个整体，以便拉力的传递。其主要包括两部分：与锚具基体相连的 M12 螺杆、与电子万能试验机相连的圆柱拉头。

批量拉伸 SMA 丝的示意图如图 6-9（d）所示，使用该批量拉伸锚具可同时对 10 根 500 mm 长度的丝进行预变形。待一次拉伸预变形结束后，可拧松锚固螺栓，将 10 根 SMA 丝朝同一方向移动，使得下一段需要拉伸的 SMA 丝进入两个锚具基体之间，此时再拧紧锚固螺栓进行下一次拉伸。重复上述拉伸步骤，即

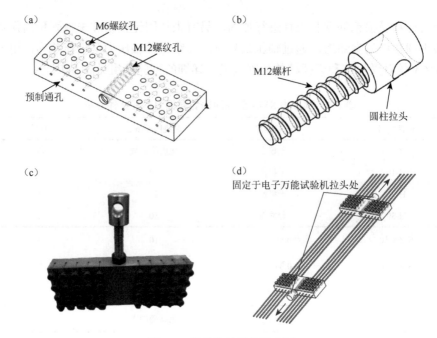

图 6-9　批量拉伸锚具示意图

（a）锚具基体三维示意图，（b）连接拉杆，（c）批量拉伸锚具组装实物图，（d）批量拉伸示意图

可减少甚至避免 SMA 丝的截断，从而方便 SMA 丝后续的连续缠绕加固。根据 6.1.1 节结果，对 SMA 丝进行 16%的预变形张拉，拉伸速率为 6 mm/min。待预变形完成后，使用环氧树脂胶在柱子表面预制小方块，以此来确定缠绕间距。使用前述的单侧挤压式搭接锚具将 SMA 丝锚固于钢筋混凝土柱一端，而后对钢筋混凝土柱进行连续缠绕，最后再使用单侧挤压式搭接锚具将丝锚固于柱子的另一端，如图 6-10 所示。钢筋混凝土圆柱中间部位 SMA 丝通过 U 型夹进行搭接。经测试，4 个 5 mm 型号 U 型夹所能提供的锚固力基本能使得 SMA 丝接近其极限应力状态（800 MPa），可以满足 SMA 丝的搭接续长要求。三种缠绕间距的钢筋混凝土柱示

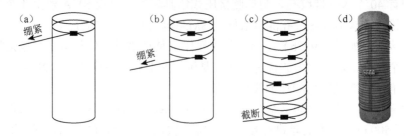

图 6-10　缠绕钢筋混凝土柱过程示意图

（a）端部锚固，（b）连续缠绕，（c）端部截断，（d）缠绕后试件

意图见图 6-11，S 表示缠绕间距，分别取 10 mm、20 mm、30 mm。需要注意的是，在缠绕过程中，需持续拉紧 SMA 丝，如此 SMA 丝才会紧贴钢筋混凝土柱的侧面，否则将会造成 SMA 丝松弛，由此导致后续激励过程的预应力损失。

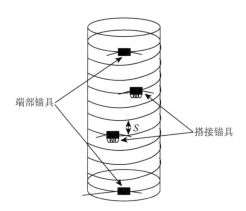

端部锚具

搭接锚具

S

图 6-11　缠绕加固的钢筋混凝土柱示意图

3. 热激励方案

本章采用热流激励的方式对 SMA 丝缠绕的加固试件进行热激励。考虑到加热的均匀性，本章设计了一个加热套筒，主要包括：两把 2500 W 的热风枪、玻璃棉保温管壳、陶瓷纤维隔热垫片、12 个均匀布置于管壳内侧的 K 型热电偶。其中，玻璃棉保温管壳可以耐 250℃的高温，足以满足最高激励温度 200℃的要求；陶瓷纤维隔热垫片可以耐 1260℃高温，具有优异的耐热保温性能；加热套筒上部的陶瓷纤维隔热垫片预制有两个容许热风枪输入热流的进风口，同时预制有两个稍小的出风口，以增强热风流动，使得加热均匀。整体示意图如图 6-12 所示。

整个装置的使用步骤如下：①将加固后的试件置于陶瓷隔热垫片正中间；②将玻璃棉保温管壳沿同心轴方向套于钢筋混凝土圆柱外侧，并使用隔热胶带做好管壳与底部隔热垫片之间的密封处理；③盖好管壳上部的隔热垫片，同样做好密封处理；④使用两把热风枪朝两个进风口输入热流；⑤待 12 个均布的热电偶记录的温度均达到 200℃后停止加热。

4. 轴压试验方案

采用 500 吨压力试验机对试件进行加载。设计轴向位移套箍便于测量轴向位移和径向位移。将位移套箍固定在试样上，两个线性位移计对称分布在钢箍上用于测量试件中部 200 mm 段的轴向位移。试件的径向位移同样采用两个位于同一水平直线的位移计进行测量，纵筋的应变由预埋在纵筋中部的应变片进行测量。加载装置及位移计布置示意图如图 6-13 所示。

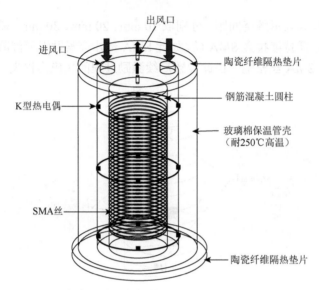

图 6-12　热激励方案与装置示意图

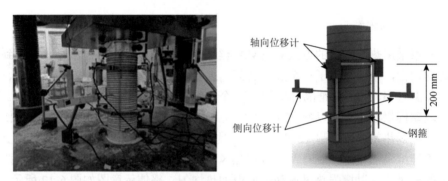

图 6-13　轴压试验与位移测量示意图

预损伤方案：采用 0.3 mm/min 的位移加载速率对试件加载，待越过峰值荷载后，将位移加载速率调整为 0.1 mm/min 并设置 0.85 的目标荷载，待达到目标荷载后卸载。

轴压破坏方案：采用 0.3 mm/min 的位移加载速率对试件进行加载，直到试件破坏。

6.1.6　结果与讨论

1. 破坏模式

对于 C0 对照组试件，当加载至峰值荷载附近时，试件侧面开始出现细微裂缝。随着荷载达到峰值，细裂缝不断扩展，并且有新的裂缝产生。随着轴向位移的继续增长，荷载下降很快，试件中高区域开始有大块混凝土脱落，并且侧向膨胀逐渐增大，最后纵筋压曲向外鼓出，钢筋混凝土柱破坏，破坏模式如图 6-14（a）所示。

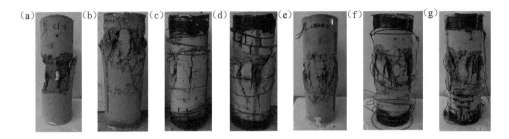

图 6-14　钢筋混凝土柱轴压破坏模式
（a）C0，（b）SMA-10，（c）SMA-20，（d）SMA-30，（e）H-10，（f）H-20，（g）H-30

对于预应力 SMA 丝修复的受损钢筋混凝土柱，其整体的破坏机制呈非常强的延性。加载初期，柱子表面并没有明显的变化，随着荷载的持续增长，原有预损伤裂缝持续扩展，同时有新的裂缝产生，但裂缝的扩展速度由于预应力 SMA 丝的约束作用明显减缓。当荷载越过峰值开始下降后，其下降速度随着 SMA 丝加固量的增大而逐渐减小。随着轴向位移的继续增大，柱子表面混凝土开始起皮，并且有轻微的混凝土碎屑脱落，其侧面逐渐向外鼓出，但柱子始终维持着较好的完整性，最后 SMA 丝突然断裂，试件破坏。对比对照组可知，SMA 丝的预应力修复能有效抑制受损试件已有裂缝的开展，降低裂缝的扩展速度。由图 6-14（b）、图 6-14（c）和图 6-14（d）可知，随着加固量的增加，试件的变形区域逐渐增大，并且变形得更加充分，分布得更加均匀，变形的整体性也更好。

对于 SMA 丝加固的完好钢筋混凝土柱，其破坏现象与 SMA 丝修复受损试件基本一致。主要表现为：当荷载加载至峰值荷载附近时，试件中部开始出现裂缝，变形稳定增长。试件达到峰值荷载后，随着 SMA 丝加固量的增大，其荷载下降段趋于平缓，并且在 SMA 丝断裂前，试件中部有明显的侧向膨胀，但试件依旧保持完整，没有大块混凝土剥落。由图 6-14（e）、图 6-14（f）和图 6-14（g）可知，与 SMA 丝修复受损试件的破坏模式类似，最后都是 SMA 丝断裂导致试件荷载骤减，试件宣告破坏。

2. 轴向承载力

SMA 丝加固预损伤试件和无损伤试件的轴压承载力分别见表 6-5 和表 6-6。

表 6-5　SMA 丝修复受损试件的轴压承载力

试件编号	预损伤峰值荷载/kN	均值/kN	修复后峰值荷载/kN	均值/kN	增幅/%
SMA-10-1	947		1245		
SMA-10-2	972	971	1170	1182	22
SMA-10-3	994		1130		
SMA-20-1	881		1047		
SMA-20-2	949	941	1163	1113	18
SMA-20-3	993		1129		
SMA-30-1	1005		1095		
SMA-30-2	1019	1013	1090	1110	10
SMA-30-3	1014		1145		

注：“SMA-10-1”指缠绕间距为 10 mm 的 SMA 丝修复预损伤试件组的第一个试件，其余依此类推；“预损伤峰值荷载”指试件在制造损伤时的峰值荷载；“修复后峰值荷载”指 SMA 丝修复受损试件的轴压峰值荷载。

表 6-6　SMA 丝加固无损伤试件的轴压承载力

试件编号	轴压峰值荷载/kN	均值/kN	增幅/%
C0-1	995		
C0-2	932	1004	—
C0-3	1084		
H-10	1160	1160	16
H-20	1171	1171	17
H-30	1152	1152	15

注：“C0-1”表示对照组第一个试件；“H-10”指缠绕间距为 10 mm 的 SMA 丝加固完好试件，其余依此类推；“增幅”指 SMA 丝加固完好试件相较于对照组试件的荷载增幅。

　　由表 6-5 可知，对于受损试件，与试件预损伤时的峰值荷载相比，SMA 丝缠绕间距分别为 10 mm、20 mm 和 30 mm 时，SMA 丝修复预损伤试件的承载力增幅分别为 22%、18%、10%，这说明经过预应力 SMA 丝修复后，受损试件的承载力都能得到完全恢复并且有一定的增幅。从表 6-6 可以看到，相较于对照组试件，SMA 丝缠绕间距分别为 10 mm、20 mm 和 30 mm 时，SMA 丝加固完好试件的轴压承载力增幅分别为 16%、17%、15%。以上结果表明 SMA 丝对钢筋混凝土柱加固效果显著，尤其是对于受损试件，其力学性能提升效果更加突出。

　　加固试件的轴向抗压性能提升效果随缠绕间距变化情况如图 6-15 所示。

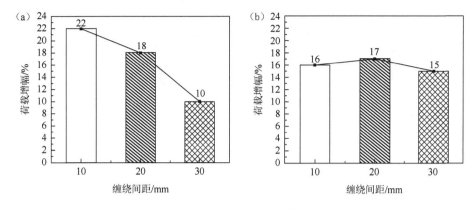

图 6-15　加固试件轴向承载力随缠绕间距变化情况

（a）预损伤试件，（b）无损伤试件

SMA 丝修复受损试件，随着 SMA 丝缠绕间距的减小，其轴向承载力增幅呈上升趋势，如图 6-15（a）所示。由此可知，对于带裂缝的受损试件，预应力 SMA 丝修复的方式能有效抑制其原有裂缝的继续扩展，并且 SMA 丝加固量越大，修复效果越好。如图 6-15（b）所示，与对照组试件相比，随着 SMA 丝缠绕间距的减小（即 SMA 丝加固量增大），SMA 丝加固完好试件的轴向承载力增幅基本保持不变。预应力 SMA 丝加固的方式虽然同样能提高试件的承载力，但是加固量的增大并不会给其承载力增幅带来明显的提升。相较于完好试件，预应力 SMA 丝加固的方式对受损试件的承载力提高更加有效。

3. 荷载-位移曲线分析

根据采集仪、位移计所得轴压过程中的荷载与位移值分析预应力 SMA 丝加固方式对试件轴向变形能力的改善效果。图 6-16（a）～（c）展示了受损试件与对照组的荷载位移曲线，以便于比较图 6-16（d）给出了各组试验的平均值。

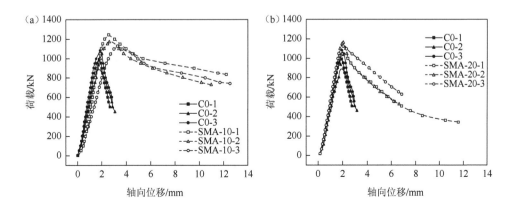

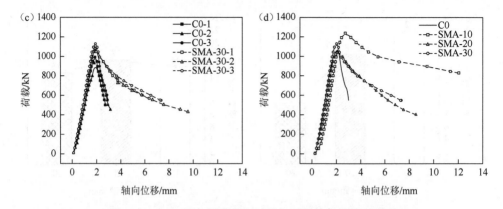

图 6-16 SMA 丝加固受损组试件与对照组荷载-位移曲线

（a）C0 组和 SMA-10 组，（b）C0 组和 SMA-20 组，（c）C0 组和 SMA-30 组，（d）各组平均值

SMA 丝加固无损伤试件每组仅有 1 个试件，而对照组 3 个试件的荷载位移曲线变化趋势十分接近（图 6-16），故仅选取 1 个对照组试件与 SMA 丝加固完好试件进行对比。对照组试件与 3 种不同缠绕间距 SMA 丝加固无损伤试件的荷载-位移曲线见图 6-17。

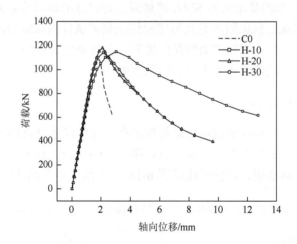

图 6-17 对照组与 SMA 丝加固无损伤试件的荷载-位移曲线

由图 6-16 以及图 6-17 的对照组试件荷载-位移曲线可知，峰值荷载过后，随着轴向位移的增加，对照组试件的荷载位移曲线快速下降。与对照组试件相比，经 SMA 丝的试件，其荷载位移曲线下降段较为平缓，并且当缠绕间距为 10 mm 时，其荷载下降速率最小。当缠绕间距为 20 mm 与 30 mm 时，荷载下降段基本重合，但下降速度明显比缠绕间距为 10 mm 的试件大。

综上可知，预应力 SMA 丝加固的方式能有效提升完好试件以及受损试件的轴向变形能力，这是由于预应力 SMA 丝的加固有效延缓了钢筋混凝土柱裂缝的扩展以及混凝土的剥落。其中，当缠绕间距为 10 mm 时，试件的轴向变形能力提高幅度最大，并且明显优于其余两种加固间距的加固效果。由图 6-16、图 6-17 可知，过峰值荷载后，在 SMA 丝断裂导致荷载骤降前，试件能保持一定的承载能力。当缠绕间距为 10 mm 时，试件在破坏前依旧能保持约 60%的承载能力。

4. 极限位移分析

各个试件的极限位移见表 6-7。经 SMA 丝加固后，所有试件的极限位移得到了大幅度提升。与对照组试件相比，当 SMA 丝缠绕间距分别为 10 mm、20 mm 和 30 mm 时，SMA 丝修复受损试件的极限位移提高幅度则分别为 310%、190%、169%；SMA 丝加固完好试件的极限位移提高幅度分别为 321%、231%、190%。

表 6-7　试件极限位移增幅

试件编号	极限位移/mm	均值/mm	增幅/%
C0-1	2.7		
C0-2	3.1	2.9	—
C0-3	2.9		
SMA-10-1	12.2		
SMA-10-2	11.0	11.9	310
SMA-10-3	12.5		
SMA-20-1	11.7		
SMA-20-2	6.6	8.4	190
SMA-20-3	6.8		
SMA-30-1	6.4		
SMA-30-2	9.6	7.8	169
SMA-30-3	7.4		
H-10	12.2	12.2	321
H-20	9.6	9.6	231
H-30	8.4	8.4	190

图 6-18 为经 SMA 丝加固试件的极限位移增幅柱状图。由图可知，当缠绕间距小于 20 mm 后，SMA 丝加固完好试件与 SMA 丝修复受损试件的极限位移增幅都明显增大。

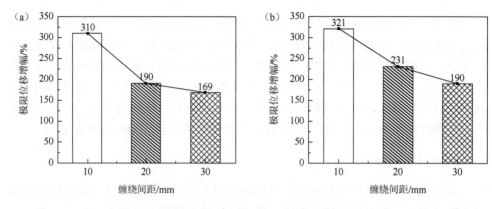

图 6-18　试件极限位移增幅柱状图

（a）预损伤试件，（b）无损伤试件

经过预应力 SMA 丝加固后，完好试件与受损试件的极限位移增幅比较接近，这说明预应力 SMA 丝修复的方式能有效恢复并提升受损试件的变形能力，并且 30 mm 缠绕间距的 SMA 丝已能将受损试件的轴向变形能力恢复至完好状态，并且在此基础上还有大幅提升。

5. 延性分析

延性是评价钢筋混凝土柱性能的基本参数之一。它代表了试件在不丧失承载力的前提下，吸收非弹性能量的能力。根据参考文献[1]，延性系数可定义为峰值荷载下降 20% 时，对应的荷载位移曲线与坐标轴围成的面积，如图 6-19 所示。根据各个试件的荷载位移曲线可以计算出对应的延性系数。表 6-8 为各个试件延性系数表

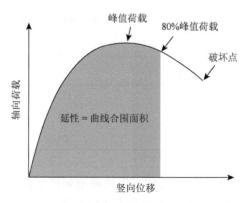

图 6-19　延性系数定义[1]

由表 6-8 可知，SMA 丝缠绕间距分别为 10 mm、20 mm 和 30 mm 时，相较于对照组试件，经 SMA 丝加固的试件延性得到了大幅提升，SMA 丝修复受损试件的延性系数对应增幅则分别为 286%、107%、79%，已超过受损前延性；SMA 丝加固完好试件的延性系数增幅分别为 364%、93%、129%。

表 6-8　试件延性系数表

试件编号	延性系数/(kN·m)	均值/(kN·m)	增幅/%
C0-1	1.3		
C0-2	1.5	1.4	—
C0-3	1.3		
SMA-10-1	5.5		
SMA-10-2	5.3	5.4	286
SMA-10-3	5.3		
SMA-20-1	3.0		
SMA-20-2	3.4	2.9	107
SMA-20-3	2.4		
SMA-30-1	2.1		
SMA-30-2	2.1	2.5	79
SMA-30-3	3.1		
H-10	6.5	1.3	364
H-20	2.7	1.5	93
H-30	3.2	1.3	129

图 6-20 为加固试件延性系数随缠绕间距变化情况。对于 SMA 丝修复受损试件和 SMA 丝加固完好试件，当缠绕间距小于 20 mm 后，其延性系数增幅明显增大，这与试件极限位移的增幅规律保持一致，这里不再赘述。

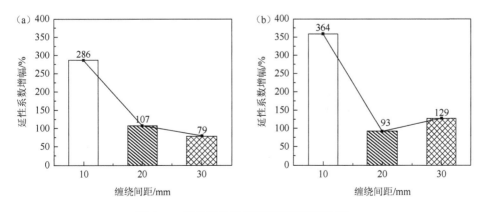

图 6-20　延性系数增幅随缠绕间距变化图

（a）预损伤试件，（b）无损伤试件

　　综上所述，经过 10 mm、20 mm 以及 30 mm 缠绕间距的预应力 SMA 丝修复后，受损钢筋混凝土柱的延性能够完全恢复并提升明显，而且 10 mm 缠绕间距的 SMA 丝修复受损试件对应的延性系数要明显更大。当缠绕间距为 10 mm 时，SMA 丝修复受损试件的延性系数甚至能达到对照试件的近 3 倍，表明其耗能能力的增强以及预应力 SMA 丝加固方式对于易受地震影响的钢筋混凝土柱具有很好的适用性。

6. 极限应变分析

　　表 6-9 给出了各试件径向和轴向的破坏应变结果。其中，$\varepsilon_{\gamma,f}$、$\varepsilon_{a,f}$ 分别为试件破坏荷载对应的径向应变和轴向应变。图 6-21 为 SMA 丝修复受损试件与 SMA 丝加固完好试件的径向、轴向破坏应变增幅柱状图。

表 6-9　钢筋混凝土柱试件径向和轴向破坏应变

试件编号	$\varepsilon_{\gamma,f}$	$\varepsilon_{\gamma,f}$ 均值	$\varepsilon_{\gamma,f}$ 增幅/%	$\varepsilon_{a,f}$	$\varepsilon_{a,f}$ 均值	$\varepsilon_{a,f}$ 增幅/%
C0-1	2.89			0.67		
C0-2	4.86	2.90	—	1.36	1.06	—
C0-3	0.94			1.16		
SMA-10-1	2.89			2.52		
SMA-10-2	5.10	3.88	34	4.07	3.00	183
SMA-10-3	3.64			2.40		
SMA-20-1	7.81			3.19		
SMA-20-2	5.73	6.77	133	1.91	2.20	108
SMA-20-3	0.45*			1.49		
SMA-30-1	4.67			1.30		
SMA-30-2	10.44	7.17	147	4.10	2.94	177
SMA-30-3	6.39			3.43		
H-10	10.36	10.36	257	5.27	5.27	397
H-20	9.54	9.54	229	3.31	3.31	212
H-30	6.61	6.61	128	3.24	3.24	206

　　注：带"*"表示试验过程有误导致数据失真；"$\varepsilon_{\gamma,f}$"指径向破坏应变；"$\varepsilon_{a,f}$"指轴向破坏应变。

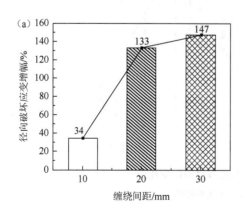

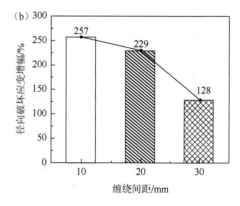

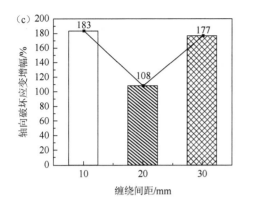 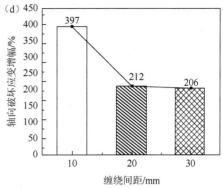

图 6-21　SMA 丝加固试件径向与轴向的破坏应变增幅

（a）预损伤试件径向破坏应变增幅，（b）无损伤试件径向破坏应变增幅，（c）预损伤试件轴向破坏应变增幅，
（d）无损伤试件轴向破坏应变增幅

由表 6-9 可知，SMA 丝缠绕间距分别为 10 mm、20 mm 和 30 mm 时，与对照试件相比，SMA 丝修复受损试件的径向破坏应变分别提高了 34%、133%、147%，其径向破坏应变增幅随着加固量的增大而减小，如图 6-21（a）所示；而 SMA 丝加固无损伤试件的径向破坏应变对应增幅分别为 257%、229%、128%，其径向破坏应变的增幅则随着加固量的增大而增大，如图 6-21（b）所示。由此可知，SMA 丝修复受损试件与 SMA 丝加固完好试件的径向破坏应变增幅随着加固量的增加呈现出两种截然相反的变化规律。这是因为在轴向加载过程中，SMA 丝修复受损试件带裂缝工作，随着荷载的增大，其裂缝逐渐向周边区域扩展，此时加固量的增大使试件的侧向约束效应相应增大，二者共同作用使得钢筋混凝土柱的变形区域变宽，变形范围更大，变形分布得更加均匀，中高处的局部膨胀更小。而对于 SMA 丝加固无损伤试件，其加载初期为完好状态，随着荷载的增大，主要变形区域为首次出现裂缝的部位，其变形的范围较 SMA 丝修复受损试件要小，变形的整体性更差。这说明与经过预应力 SMA 丝加固的完好试件相比，受损试件经过预应力 SMA 丝修复后的变形整体性更好，并且随着缠绕间距的减小，其变形的整体性能进一步提升。

由表 6-9 同样可知，SMA 丝缠绕间距分别为 10 mm、20 mm 和 30 mm 时，SMA 丝修复受损试件的轴向破坏应变较对照组试件则分别提高了 183%、108%、177%，其轴向破坏应变的增幅在 20 mm 缠绕间距时偏低，这可能是由于混凝土的不均匀性以及预损伤的差异性导致的。在 SMA 丝修复受损试件中，缠绕间距为 10 mm 时对应的轴向破坏应变增幅是最大的，但此时它的径向破坏应变增幅却是最小的，这更加说明了随着加固量的增大，SMA 丝修复受损试件的变形整体性也会同步增强。SMA 丝加固完好试件的轴向破坏增幅分别为 397%、212%、

206%，其增幅随着加固量的增大而增大，与其径向破坏应变增幅保持一致的变化规律。

综上，与无损伤试件相比，预应力 SMA 丝加固的方式更加适用于受损试件，其能有效恢复并提升受损试件的承载能力和变形能力。

7. 荷载应变曲线

试验过程中各试件荷载-应变曲线如图 6-22 所示。

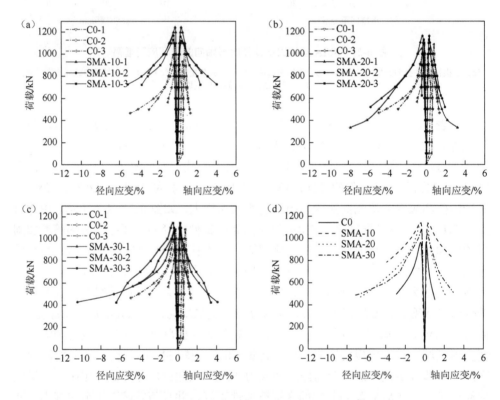

图 6-22　试验过程中试件荷载-应变曲线（后附彩图）

（a）SMA-10（10 mm 间距加固）组，（b）SMA-20（20 mm 间距加固）组，（c）SMA-30（30 mm 间距加固）组，
（d）各组均值

图 6-22 为对照组与 SMA 丝加固试件的荷载-应变曲线。荷载-应变曲线包括达到峰值应力前的上升线性段和达到峰值后的第二下降非线性段。应变在第一线性阶段非常小；然而，对于所有试件，它们在第二节迅速增加。与 C0 试件相比，加固后的钢筋混凝土损伤柱的极限横向应变和轴向应变都有显著提高。此外，在第二阶段，径向应变比轴向应变增加得更快。随着缠绕间距的减小，经 SMA 丝

加固试件的荷载应变曲线渐趋平缓，并且 10 mm 缠绕间距对应的试件荷载位移曲线最为平缓，而 20 mm、30 mm 缠绕间距对应的荷载应变曲线差异不大，与试件荷载位移曲线的变化规律保持一致。

6.2　预应力 SMA 丝加固钢筋混凝土柱轴向承载力理论计算

目前国内外文献关于预应力 SMA 丝约束钢筋混凝土柱的理论计算较少，将 SMA 丝缠绕间距这一参数纳入理论计算的文献则更少。但目前关于混凝土侧向约束的理论则较为成熟，并且其侧向约束同样考虑了主动约束、被动约束以及加固量、缠绕间距等参数。本书将以现有的典型模型为基础，对预应力 SMA 丝加固钢筋混凝土柱的轴向承载力进行理论计算。

6.2.1　钢筋混凝土柱侧向约束应力计算

在利用侧向约束理论进行计算前，首先要明确在钢筋混凝土柱承载过程中，SMA 丝的受力状况。由于本章采用的是预应力约束的方式，故在轴压试验开始前，SMA 丝的回复力已对试件施加了侧向约束。在轴压试验开始后，试件开始产生侧向膨胀，此时 SMA 丝除了承受回复力外，还要承受侧向膨胀带来的被动力。为此，本书开展了加固后 SMA 丝的力学性能试验，具体方案如下：使用德国生产的 Inspekt Table Blue 5 kN 型号电子万能试验机进行加固后 SMA 丝的力学性能试验；在室温下使用电子万能试验机将 NiTiNb-SMA 丝进行 16% 的预拉伸，卸载至 5 MPa 后，使用该电子万能试验机的温控箱进行 200℃ 热激励；待 NiTiNb-SMA 丝温度降至室温并且其预应力保持不变后，再对持有回复力的 NiTiNb-SMA 丝进行拉伸断裂试验。

如图 6-23 所示，为 NiTiNb-SMA 丝加固后的拉伸力学性能。在两端被锚固的情形下，16% 预变形量的 NiTiNb-SMA 丝经过加热以及降温将会产生约 410 MPa 的回复力，该部分为 NiTiNb-SMA 丝的主动应力；在持有预应力的情形下继续拉伸，NiTiNb-SMA 丝将会产生被动应力，直到约 830 MPa，SMA 丝突然断裂，此时的极限应变为 17.4%。

在得到 SMA 回复力变化的基础上，接下来进行钢筋混凝土柱侧向有效约束力的公式推导。

假设任意时刻 SMA 丝的应变为 ε_{SMA}，则对应的应力为 f_{SMA}。由图 6-23 可知

$$f_{SMA} = f_{SMA,\ active} + f_{SMA,\ passive} \tag{6-1}$$

其中，$f_{SMA,\ active}$ 为 SMA 丝的回复力，根据材性试验，恒为 410 MPa；$f_{SMA,\ passive}$ 为 SMA 丝的被动应力。

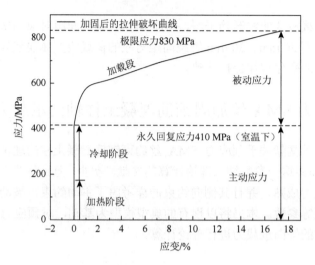

图 6-23　加固后 SMA 丝的拉伸断裂性能

根据参考文献[9]，SMA 丝的被动应力部分可以拟合成两个阶段的线性方程，经过拟合，在试件侧向膨胀的过程中，加固后 SMA 丝的受力表达式为

$$f_{SMA} = \begin{cases} 410 & \varepsilon_{SMA} = 0 \\ 22441\varepsilon_{SMA} + 410 & 0 < \varepsilon_{SMA} \leqslant 0.008 \\ 1509\varepsilon_{SMA} + 577 & \varepsilon_{SMA} > 0.008 \end{cases} \qquad (6\text{-}2)$$

当 $0 < \varepsilon_{SMA} \leqslant 0.008$，公式（6.2）的 R^2 为 0.894；当 $\varepsilon_{SMA} > 0.008$，$R^2$ 为 0.982。根据该表达式即可由任意时刻的 ε_{SMA} 算出对应的 SMA 丝应力 f_{SMA}。

如图 6-24（a）所示，阴影部分为单根 SMA 丝在试件表面的作用区域，其宽度即为 SMA 丝的缠绕间距 S_{SMA}。图 6-24（b）为单根 SMA 丝的受力状态，f_1 为

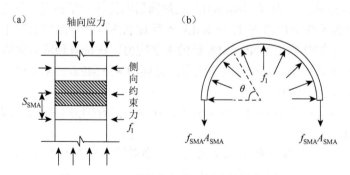

图 6-24　SMA 丝约束钢筋混凝土柱受力分析

（a）钢筋混凝土侧向约束分析，（b）SMA 丝受力状态

钢筋混凝土表面对 SMA 丝施加的侧向应力。在整个轴压过程中，SMA 丝的拉伸速率很慢，故其时刻保持着受力平衡，由此可以得到以下等式

$$f_1 DS_{\mathrm{SMA}} = 2 f_{\mathrm{SMA}} A_{\mathrm{SMA}} \tag{6-3}$$

由式 6-3 即可得

$$f_1 = \frac{2 f_{\mathrm{SMA}} A_{\mathrm{SMA}}}{DS_{\mathrm{SMA}}} \tag{6-4}$$

将式 6-4 代入式 6-2 即可得

$$f_1 = \begin{cases} \dfrac{820 A_{\mathrm{SMA}}}{DS_{\mathrm{SMA}}} & \varepsilon_{\mathrm{SMA}} = 0 \\[3mm] \dfrac{(44882\varepsilon_{\mathrm{SMA}} + 820) A_{\mathrm{SMA}}}{DS_{\mathrm{SMA}}} & 0 < \varepsilon_{\mathrm{SMA}} \leqslant 0.008 \\[3mm] \dfrac{(3018\varepsilon_{\mathrm{SMA}} + 1154) A_{\mathrm{SMA}}}{DS_{\mathrm{SMA}}} & \varepsilon_{\mathrm{SMA}} > 0.008 \end{cases} \tag{6-5}$$

由式 6-5 可知，求得侧向约束应力 f_1 的前提是确定 SMA 丝的应变 $\varepsilon_{\mathrm{SMA}}$，而 $\varepsilon_{\mathrm{SMA}}$ 与钢筋混凝土柱的侧向应变 ε_1 相等。

式 6-5 尚未考虑 SMA 丝缠绕间距及纵筋对混凝土约束区域的影响。根据 Mander[10]的侧向约束混凝土模型，在侧向约束的箍筋之间，有部分混凝土并没有受到有效约束。Mander 提出了约束有效性系数 k_{e}，侧向有效约束应力 f_1' 可由式 6-6 获得

$$f_1' = k_{\mathrm{e}} f_1 \tag{6-6}$$

侧向约束有效性系数由式 6-7 获得

$$k_{\mathrm{e}} = \frac{1 - \dfrac{S_{\mathrm{SMA}}'}{2D}}{1 - \rho_{\mathrm{cc}}} \tag{6-7}$$

其中，S_{SMA}' 为 SMA 丝之间的净距；D 为柱直径；ρ_{cc} 为纵筋配筋率。

6.2.2　Mander 约束混凝土模型

Mander 约束混凝土模型是目前被绝大多数学者使用的约束混凝土模型，如图 6-25 所示。

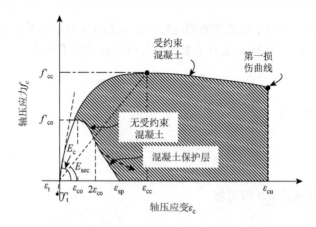

图 6-25　Mander[10]侧向约束混凝土柱模型

当混凝土柱处于三向受压状态，并且侧向有效约束应力为 f_1'，Mander 模型对应的峰值应力-应变表达式为

$$f_{cc}' = f_{co}'\left(-1.254 + 2.254\sqrt{1 + \frac{7.94f_1'}{f_{co}'} - 2\frac{f_1'}{f_{co}'}}\right) \tag{6-8}$$

$$\varepsilon_{cc}' = \varepsilon_{co}'\left[1 + 5\left(\frac{f_{cc}'}{f_{co}'} - 1\right)\right] \tag{6-9}$$

其中，f_{cc}' 为试件峰值应力；ε_{cc}' 为试件峰值应变；f_{co}' 为无约束试件峰值应力；ε_{co}' 为无约束试件峰值应变。

需要指出的是，本节基于 Mander 约束混凝土模型进行理论计算预应力 SMA 丝加固钢筋混凝土柱的承载力，有三个很重要的前提：

（1）SMA 丝紧贴钢筋混凝土柱表面，牢靠接触，二者协同变形，共同工作；

（2）轴压试验过程中，SMA 的搭接部位不发生滑移；

（3）缠绕在钢筋混凝土柱上的 SMA 丝经过热激励并冷却至室温后，其所持有的回复力是处处相等的。

6.2.3　钢筋混凝土柱侧向应变计算

由式 6-5、式 6-6 以及式 6-8 可知，求得峰值应力 f_{cc}' 的前提是求得此时对应的 SMA 丝应变 ε_{SMA}，即钢筋混凝土柱的峰值侧向应变 ε_1。Mirmiran 和 Shahawy[11] 通过 FRP 约束混凝柱的试验对侧向约束试件的轴向应变-侧向应变关系进行了研究，提出了割线膨胀率的概念，割线膨胀率即为侧向应变对轴向应变的导数。如图 6-26 所示，为 FRP 约束混凝土柱的典型割线膨胀率曲线图。

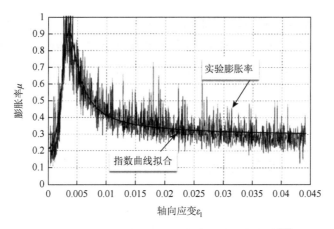

图 6-26　FRP 约束混凝土柱的典型膨胀率曲线[11]

Chen 和 Andrawes[12]通过大量的 NiTiNb-SMA 丝约束混凝土柱的试验，将割线膨胀率的表达式定义为

$$u(x)=\frac{d\varepsilon_1}{d\varepsilon_c}=\frac{u_0+u_0cx+u_{\text{asymptotic}}dx^2}{1+cx+dx^2}\qquad(6\text{-}10)$$

其中，ε_1 表示试件的侧向应变；ε_c 表示试件轴向应变；$x=\varepsilon_c/\varepsilon_{co}$ 表示标准化的轴向应变，ε_{co} 表示无侧向约束试件的峰值轴向应变；u_0 表示初始状态的割线膨胀率，即为试件的泊松比；$u_{\text{asymptotic}}$ 表示当轴向应变趋于无穷大时的极限值；c、d 参数的表达式如下

$$\begin{cases}c=-2/x_{u_{\max}}\\[2mm]d=\dfrac{c^2(u_{\max}-u_0)}{4(u_{\max}-u_{\text{asymptotic}})}\end{cases}\qquad(6\text{-}11)$$

式中，$u_{\max}$，$x_{u_{\max}}$ 分别表示最大的割线膨胀率及其对应的标准化轴向应变。经过大量的 NiTiNb-SMA 丝约束混凝土柱的试验数据拟合，Qiwen Chen 和 Bassem Andrawes 得到了式 6-12 所需的参数计算公式，并给出了各公式的拟合度：

$$\begin{cases}x_{u_{\max}}=31.935\dfrac{f_{1,\text{active}}}{f'_{co}}+2,825 & (R^2=0.994)\\[3mm]u_{\max}=0.0462\left(\dfrac{f_{1,\text{active}}}{f'_{co}}\right)^{-1.121} & (R^2=0.926)\\[3mm]u_{\text{asymptotic}}=1.432\exp\left(-14.78\dfrac{f_{1,\text{active}}}{f'_{co}}\right) & (R^2=0.966)\end{cases}\qquad(6\text{-}12)$$

　　根据式（6-10）、式（6-11）和式（6-12）即可得出任意时刻轴向应变对应的割线膨胀率。根据 Kent-Park 模型[13]可以通过无约束 RC 柱的峰值轴向应变得到不同侧向约束水平的 RC 柱峰值轴向应变 ε_c，再通过式 6-13 即可得出 SMA 丝的侧向应变

$$\varepsilon_{SMA} = \varepsilon_1 = u(x)\varepsilon_c \tag{6-13}$$

6.2.4　预损伤对于承载力的影响

　　本章研究中除了对无损伤试件进行加固之外，还对预损伤的钢筋混凝土柱进行了加固，因此在对其进行理论计算时，需考虑预损伤情况对承载力的影响。本章参考了文献中对 BFRP 约束损伤钢筋混凝土圆柱的单轴受压试验得出的损伤参数与应力影响系数之间的关系式[14]。两者之间满足的关系式为

$$\alpha_d = 1 - 0.042d_{c,s}^2 + 0.061d_{c,s} \tag{6-14}$$

　　对于预损伤试件承载力的计算，首先通过计算得到健康状态下约束钢筋混凝土柱的承载力，然后考虑损失影响系数即可得到 SMA 丝修复受损钢筋混凝土柱轴向承载力的理论值。

　　通过以上理论分析方法和步骤，针对 SMA 丝预应力加固钢筋混凝土柱轴向承载力的计算思路如图 6-27 所示

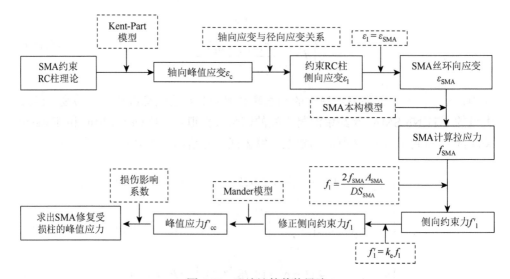

图 6-27　理论计算整体思路

6.2.5　计算值与实测值对比

根据公式（6.8）对预应力 SMA 丝加固钢筋混凝土柱轴向承载力进行计算，并与本文的实测值进行比较，结果如表 6-10 所示。

表 6-10　预应力 SMA 丝加固钢筋混凝土柱轴向承载力计算值与实测值比较

试件编号	计算值/kN	实测值/kN	误差/%
H-10	1210	1160	4.31
H-20	1203	1171	2.73
H-30	1196	1144	4.55
SMA-10-1		1245	11.65
SMA-10-2	1100	1160	5.17
SMA-10-3		1120	1.79
SMA-20-1		1047	4.49
SMA-20-2	1094	1163	5.93
SMA-20-3		1129	3.10
SMA-30-1		1095	0.64
SMA-30-2	1088	1090	0.18
SMA-30-3		1145	4.98

由表 6-10 可知，除试件"SMA-10-1"外，其余试件的计算值与实测值之间的误差均小于 6%，计算值与实测值吻合良好。试件"SMA-10-1"的计算值与实测值之间的误差达到了 11.65%，一方面是因为损伤的钢筋混凝土柱具有一定的离散性，另一方面主要是因为 SMA 丝前期批量退火不均匀的影响。SMA 丝的前期退火是分批次进行的。上一批次退火完毕后，打开炉门将会有一个温度骤降的过程，下一批次的 SMA 丝放入炉中后将会有一个升温过程，该升温过程的长短受到试验操作快慢的影响，从而对 SMA 丝退火后的性能产生影响。除此之外，SMA 丝批量预变形的影响同样存在，本章中 SMA 丝为批量张拉，试件"SMA-10-1"对应批次的 SMA 丝预拉伸可能存在变形不均匀的现象，从而对其性能产生不利影响。

6.3　本　章　小　结

本章首先对 NiTiNb-SMA 丝开展了材料性能试验，确定了获得其最大回复力的热激励温度和预变形量。随后采用 NiTiNb-SMA 丝对预损伤和无损伤的钢筋混凝土柱开展了加固，并对加固前后的力学性能进行了分析。最后提出了预应力 SMA 丝加固钢筋混凝土柱的轴向承载力理论计算方法。主要结论如下：

（1）NiTiNb-SMA 丝的最佳预变形量为 16%。当预应变从 12% 增长至 16%，SMA 丝的回复力也同步增大；当预应变从 16% 增大至 18%，其回复力出现了下降。此外，在常温下对 NiTiNb-SMA 丝进行 16% 的预变形后，其相变滞后宽度将会大幅上涨，相变滞后区间为 $-80.12 \sim 50.95 ℃$，涵盖了普遍的环境温度，可以实现 SMA 丝对实际工程结构的预应力持久加固。

（2）预应力 SMA 丝对钢筋混凝土柱加固效果良好。随着 SMA 丝的应用，对预损伤和无损伤的试件，其破坏模式得到了改善，试件破坏以 SMA 丝的断裂为标志。除此之外，加固试件的轴向承载力、破坏应变、延性都得到了大幅提升。尤其是对于预损伤试件，其力学性能已恢复并超越了无损水平。相较于无损伤试件，预应力 SMA 丝加固的方式对受损试件更加有效，该种修复方式能够有效地抑制受损试件原有裂缝的继续扩展和发育，适用于紧急修复。

（3）预应力 SMA 丝缠绕间距越小，加固效果越明显。当 SMA 丝缠绕间距分别为 10 mm、20 mm 和 30 mm 时，其轴向承载力、极限位移、轴向破坏应变、延性系数增幅均随着缠绕间距减小而增大，力学性能提升效果更加明显。

（4）本章提出的理论计算方法可以很好预测经预应力 SMA 丝加固的钢筋混凝土柱的轴向承载力。结果表明，根据本章提出的理论分析方法，计算结果与试验结果十分接近。

参 考 文 献

[1] Abdelrahman K. Performance of eccentrically loaded reinforced concrete columns confined with shape memory alloy wires[D]. University of Calgary，2017.

[2] 王帅. 镍钛铌形状记忆合金的回复应力试验研究[D]. 大连理工大学，2018.

[3] Liu H K，Liao W C，Tseng L，et al. Compression strength of pre-damaged concrete cylinders reinforced by non-adhesive filament wound composites[J]. Composites Part A：Applied Science and Manufacturing，2004，35（2）：281-292.

[4] 曾志虎. BFRP 约束损伤混凝土棱柱体轴压力学性能试验及理论分析[D]. 湖南大学，2019.

[5] 黄振江. BFRP 约束损伤混凝土的轴压力学性能与尺寸效应研究[D]. 湖南大学，2018.

[6] 马高，邹雅峰，何庆锋，等. BFRP 约束损伤钢筋混凝土圆柱轴压力学性能研究[J]. 建筑结构，2021，51（2）：119-124，118.

[7] 齐亮. FRP 约束损伤混凝土轴压力学性能及损伤评价研究[D]. 湖南大学，2017.

[8] 马高，曾志虎. BFRP 约束损伤混凝土棱柱体轴压力学性能研究[J]. 防灾减灾工程学报，2020，40（6）：910-918.

[9] Chen Q W，Andrawes B. Plasticity modeling of concrete confined with NiTiNb shape memory alloy spirals[J]. Structures，2017，11：1-10.

[10]　Mander J B，Priestley M J N，Park R. Theoretical stress-strain model for confined concrete[J]. Journal of Structural Engineering，1988，114（8）：1804-1826.

[11]　Mirmiran A，Shahawy M. Dilation characteristics of confined concrete[J]. Mechanics of Cohesive-frictional Materials，1997，2（3）：237-249.

[12]　Chen Q W，Andrawes B. Cyclic stress-strain behavior of concrete confined with NiTiNb-shape memory alloy spirals[J]. Journal of Structural Engineering，2017，143（5）：1-13.

[13]　Scott B D，Park R，Priestley M J N. Stress-strain behavior of concrete confined by overlapping hoops at low and high strain rates[J]. Journal of the American Concrete Institute，1982，79（1）：13-27.

[14]　武龙飞. BFRP 约束损伤钢筋混凝土轴压力学性能研究[D]. 湖南大学，2018.

第 7 章　SMA 和 CFRP 加固混凝土梁的抗弯性能研究

外贴 CFRP 加固法是一种简易、快速和高效的混凝土结构加固方法，能有效提升混凝土梁的抗弯性能[1-6]，但 CFRP 布的提前剥离破坏导致加固梁的延性下降[7-9]。而 SMA 具有形状记忆效应和超弹性变形能力，嵌入到混凝土受拉侧表面进行加固，不仅能为混凝土提供预应力，限制混凝土裂缝的发展，而且还可以提升加固梁的延性性能[9-13]。因此，SMA 与 CFRP 复合而成的加固技术，能同时实现加固梁抗弯承载力和延性性能的双重修复效果。本章将主要介绍 SMA/CFRP 复合加固对混凝土梁的修复效果，从破坏模式、变形行为、应变分布等方面进行分析，并探讨了加固梁抗弯承载力的计算公式。

7.1　嵌入式 SMA 的回复性能研究

将 SMA 丝嵌入于混凝土梁受拉侧表层的凹槽内，并采用 PCM 砂浆填充保护，随后对 SMA 丝通电激励使其产生回复力，从而实现对混凝土梁施加预应力的加固效果。其中，预应力的施加和维持取决于 SMA 丝与 PCM 间的粘结锚固性能。但是，试验采用的 SMA 丝与 PCM 的接触面积小，而且 SMA 丝表面光滑，导致两者间的粘结作用较弱。因此，本章将利用特制的挤压式锚具固定内嵌 SMA 丝，通过拉伸试验来检验锚具的锚固效果，并开展 SMA 丝在 PCM 内部的回复力测试，分析 SMA 与 PCM 间的粘结作用对其回复力的影响。

7.1.1　嵌入式 SMA 丝的锚具

按照 SMA 丝的直径设计和定制一种单侧挤压式的锚具，如图 7-1 所示。该锚具由钢材制作，截面中心预制 2.5 mm 直径的通孔，允许 2 mm 直径的 SMA 丝可以自由穿过。在通孔的一侧加工形成 4 个螺孔，通过拧紧孔内 4 根 M5 螺栓至其深度达到通孔的一半，对 SMA 丝进行单侧挤压，从而实现对 SMA 丝的锚固。

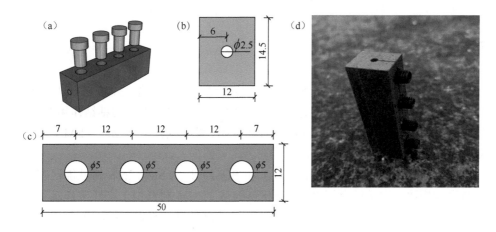

图 7-1　SMA 丝单侧挤压式锚具（单位：mm）

（a）示意图，（b）横截面，（c）俯视图，（d）实物图

　　为了检验锚具的锚固效果，对 250 mm 长、直径 2 mm NiTiNb-SMA 丝的两端利用锚具进行固定，然后在电子万能试验机上进行拉伸试验，其中锚具与试验机相连。SMA 丝达到极限拉伸应变后，在锚具内侧的位置处发生断裂，这表明了锚具对 SMA 丝的损伤较小，而且 SMA 丝可以达到极限强度。图 7-2 为带单侧挤压式锚具的 SMA 丝的拉伸断裂曲线。试验中观察发现，SMA 丝和锚具之间几乎没有相对滑移，而且测得的 SMA 拉伸强度与无锚具拉伸试验结果相近，说明上述锚具适合用于 SMA 丝的锚固。

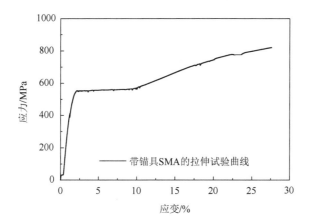

图 7-2　带锚具的 SMA 丝拉伸断裂曲线

7.1.2　回复力试验研究

由于实际应用时带端锚的 SMA 丝需嵌入到混凝土凹槽，并填充 PCM（聚合物改性砂浆）予以覆盖，因此有必要研究 SMA 丝与 PCM 间的粘结作用对 SMA 丝回复力的影响。本节将介绍 PCM 内部 SMA 丝在受到热激励时，SMA 内部回复力的变化以及界面粘结带来的影响。

回复力试验采用的材料包括 SMA 和 PCM，其中 SMA 的材料性能已在前述章节详细描述，这里仅介绍 PCM 的材料信息。PCM 材料由上海环宇建筑工程材料有限公司生产和提供，其中聚合物为聚乙烯醇纤维。根据 PCM 的使用说明，水料比为 16%，即一包 25 kg 的 PCM 需要配备 4 kg 的水进行搅拌。PCM 的材料性能如表 7-1 所示。

表 7-1　聚合物水泥砂浆物理性质表

骨料粒径/mm	28 天抗折强度/MPa	拉伸粘结强度/MPa	7 天抗压强度/MPa	28 天抗压强度/MPa	尺寸变化/%	抗渗压力/MPa
<4.75	≥7	≥1.2	≥25	≥55	±0.15	≥1.5

为了模拟 SMA 嵌入混凝土梁加固的真实情况，制作了两个尺寸为 50 mm×70 mm×300 mm 的 PCM 试块。当考虑 SMA 与 PCM 之间的粘结作用时（简称有粘结情况），浇筑前在木模板两端侧面距顶面 10 mm 处打孔，孔的直径为 2 mm，并将预应变为 16% 的 NiTiNb-SMA 丝穿过孔洞，然后浇筑 PCM 包裹 SMA 丝。对于无粘结的 PCM 试件（简称无粘结情况），将内径 2 mm 的 PVC 管预埋在 SMA 的对应位置，并在浇筑 PCM 凝固前不停转动 PVC 管，防止 PVC 管与 PCM 之间出现牢固的粘结，待 PCM 硬化形成一定强度后取出 PVC 管，由此在 PCM 预留了 2 mm 直径的孔洞。养护 7 天后，将预应变为 16% 的 NiTiNb-SMA 丝穿入孔洞，即可形成无粘结 PCM 试件。

7.1.3　PCM 内 SMA 回复力试验研究

PCM 试块内 SMA 丝的回复力测试装置如图 7-3 所示。测试时具体的操作步骤为：①利用挤压式锚具将 SMA 丝固定于 PCM 试块的一端；②SMA 丝另一端先穿过轮辐式拉压力传感器中的圆孔，在力传感器与锚具之间放置一块圆环垫片，然后利用锚具稍微夹紧并将力传感器紧密地固定在 PCM 梁侧面；③对 SMA 的应力进行监控，当采集仪显示的应力约 5 MPa 时，拧紧 SMA 丝两端锚具上的螺栓；

④将 K 型热电偶通过感温胶带固定于 SMA 丝两端，并与多路温度测试仪相连；
⑤SMA 丝两端通过导线夹子与电源相连接，打开电源调节电流大小对 SMA 进行
激励，当观察到回复力保持不变或出现下降时断开电流，停止加热。

图 7-3　嵌入 PCM 内的 SMA 丝的回复力测试装置

7.1.4　回复力试验结果分析

图 7-4 显示了 PCM 内 NiTiNb-SMA 丝在有无粘结两种情况下的回复力曲线。
由图可知，两种情况下 SMA 丝的回复力变化趋势相似。随着温度从室温上升至
120℃，SMA 丝回复力的上升速率较快，当温度达到 200℃左右时，SMA 丝的
回复力基本不变或稍微下降，而在紧随其后的降温过程中，SMA 丝的回复力先
出现轻微的上升，但当温度恢复至室温左右时，回复力开始下降并逐步保持稳
定。待 SMA 丝的回复力保持稳定不再变化后，将这一稳定值定义为 SMA 的最
终回复力。

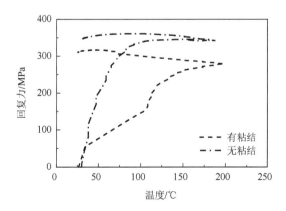

图 7-4　嵌入 PCM 内 SMA 丝回复力对比

有无粘结情况下 SMA 丝的最终回复力约分别为 310 MPa 和 347 MPa。可以看出，有粘结情况下 SMA 丝的最终回复力比无粘结情况少 37 MPa，因为有粘结情况下 SMA 丝热激励时产生的回缩受到 PCM 的约束，导致在试件端部测得的回复力显然会低于试件中部 SMA 丝的回复力。此外，SMA 通电加热时PCM 内部的温度场和 PCM 试块的压缩变形也可能影响到 SMA 丝端部的回复力测量结果。即便如此，有粘结情况下 SMA 丝端部的最终回复力也达到无粘结情况的 90%左右，说明了本研究所采用的挤压式锚具对 SMA 丝的锚固效果良好。

7.2　SMA/CFRP 复合加固梁的抗弯性能研究

本节将介绍 SMA/CFRP 加固混凝土梁抗弯性能的试验研究，具体包括试验材料、试件准备、静载弯曲试验、试验结果分析。

7.2.1　试验材料及其参数

混凝土的设计强度等级为 C30，配合比如表 7-2 所示。根据《混凝土物理力学性能试验方法标准》（GB/T 50081—2019），对 100 mm×100 mm×100 mm 混凝土立方体试块进行抗压测试。测试采用 Marest C088-01 抗压试验机，加载速率为0.5 MPa/s。应用时，应将测得的混凝土抗压强度换算成混凝土标准尺寸试件的抗压强度，换算系数为 0.95。试验测得混凝土平均抗压强度为 3.9 MPa。

表 7-2　混凝土配合比

水灰比	水泥/(kg/m³)	砂子/(kg/m³)	石子/(kg/m³)	水/(kg/m³)
0.7	293	745	883	205

试验采用铁丝模拟钢筋，钢筋型号为 HRB400，纵筋直径为 4 mm，箍筋直径为 2 mm。钢筋的材料性能通过拉伸试验测得，试验结果如表 7-3 所示。

表 7-3　钢筋力学性能

钢筋种类	直径/mm	屈服强度/MPa	极限强度/MPa
纵筋	4	407	441
箍筋	2	391	437

试验采用的 CFRP 由卡本科技集团股份有限公司生产，其名义厚度为 0.167 mm，

理论抗拉强度标准值 3513 MPa，受拉弹性模量 240 GPa。CFRP 布的实际力学性能通过轴向拉伸试验测得，试件尺寸根据《定向纤维增强聚合物基复合材料拉伸性能试验方法》（GB/T 3354—2014）标准制备，重复试件为 3 个。拉伸试验在电子万能试验机上进行，加载中测量和记录 CFRP 布的荷载和应变数据。试验测得 CFRP 布的平均抗拉强度和平均弹性模量分别为 3338 MPa 和 235 MPa。

与 CFRP 布配套使用的浸渍胶同样由卡本科技集团股份有限公司生产和提供，主要成分为环氧树脂，包括树脂基体 A 和固化剂 B，使用时基体 A 和固化剂 B 按照 2∶1 的质量比例进行混合搅拌。浸渍胶的力学参数通过进行 3 个标准试件的拉伸试验所测得，试件尺寸根据《树脂浇铸体性能试验方法》（GB/T 2567—2021）标准制备。试验测得浸渍胶的平均抗拉强度和平均弹性模量分别为 47 MPa 和 1545 MPa。

7.2.2　混凝土梁的设计与制作

试验梁为矩形截面的混凝土梁，截面尺寸为 60 mm×80 mm×500 mm，梁的底部受拉筋和上部构造钢筋的直径均为 4 mm，箍筋直径为 2 mm，箍筋间距为 40 mm，钢筋型号均为 HPB400。试验梁的几何尺寸如图 7-5 所示。

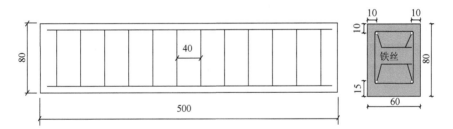

图 7-5　试验梁的几何尺寸（单位：mm）

参照文献中混凝土梁的加固方法，在梁底受拉区沿长度方向设计了宽度为 5 mm、深度 10 mm 的凹槽，槽端尺寸为 55 mm×45 mm×14 mm（长度×宽度×深度），SMA 丝与 CFRP 加固长度均为 410 mm。梁底开槽的详细尺寸如图 7-6 所示。

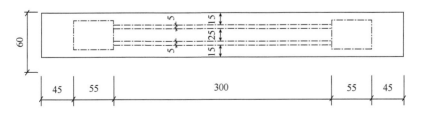

图 7-6　混凝土梁底部开槽尺寸详图（单位：mm）

　　设计和制作了 8 根钢筋混凝土试验梁，并根据试验梁的加固方式不同对试件进行编号，如表 7-4 所示。试验梁的加固方式类型包括 SMA 丝加固、CFRP 加固以及 SMA 丝与 CFRP 复合加固，其中 SMA 丝所采用的锚具是单侧挤压式锚具。为了分析 CFRP 出现端部剥离破坏时是否对加固修复效果造成影响，也考虑了 CFRP 布包裹试验梁全截面而形成的环形箍锚具。

表 7-4　钢筋混凝土梁的加固方式

试件编号	加固方式	锚固方式
B0	未加固	无锚固
SB	2 根 SMA 丝加固	锚具
FB	CFRP 布加固	无锚固
FB-E	CFRP 布加固	环形箍
SFB	2 根 SMA 丝 + CFRP 布加固	锚具
SFB-E	2 根 SMA 丝 + CFRP 布加固	锚具 + 环形箍

　　注：B0 代表参照梁，S 代表 SMA 加固，F 代表 CFRP 加固，SF 代表 SMA 与 CFRP 复合加固，E 代表端部锚固。

　　试验梁的制作过程如图 7-7 所示，详细描述如下：
　　（1）按照试验梁尺寸设计和加工制作木质模具；
　　（2）根据试验梁的配筋设置，绑扎钢筋骨架制作钢筋笼，在钢筋上粘贴应变片并做好保护措施，然后将钢筋笼按设定位置固定在模具中；

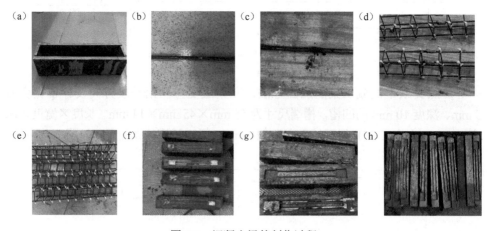

图 7-7　混凝土梁的制作过程

（a）模具制作，（b）粘贴应变片，（c）涂防水胶，（d）包裹防撞胶，（e）钢筋笼绑扎，（f）开槽，（g）凹槽成型，（h）拆模养护

（3）选用 C30 等级的混凝土，配合比为水泥∶砂∶石子∶水 = 1∶2.54∶3.81∶0.70，浇筑混凝土梁和振捣密实；

（4）为了在梁底混凝土表面形成安放 SMA 丝的凹槽，混凝土浇筑时在梁底预先嵌入了预制的木块，待混凝土硬化拆模后将木块取出；

（5）拆模养护。混凝土浇筑完成后用薄膜覆盖防止水分过快蒸发，待硬化 24 小时后拆除木模板，洒水养护 28 天。

7.2.3　混凝土梁的 SMA/CFRP 复合加固过程

1. SMA 丝的嵌入加固

在利用 SMA 加固混凝土梁前，先对 SMA 丝进行退火，再对 SMA 丝施加拉力，使其产生 16%的伸长变形，然后卸载至 0。SMA 丝的长度为 500 mm，预拉伸在电子万能试验机进行，加载速率为 6 mm/min。预变形完成后，SMA 丝两端采用单侧挤压式锚具进行锚固并放入混凝土梁底部凹槽，锚固长度为 50 mm，两端锚具之间相距（有效加固长度）为 400 mm。为方便对 SMA 进行通电激励，SMA 丝在锚具外侧延长了一定长度，并与外部电源相连接。在两 SMA 丝固定到梁的开槽部位后，往槽内填入 PCM 并抹平，进行密封养护，如图 7-8 所示。

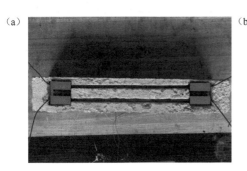
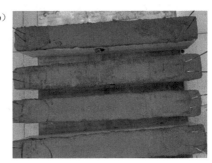

图 7-8　梁底 SMA 丝的安装与 PCM 填充

（a）固定 SMA 丝，（b）PCM 填充

2. SMA 丝的热激励

采用外部电源对内嵌 SMA 丝进行通电热激励，激励装置组成包括：0～30 V 60 A 直流电源、多路温度测试仪、K 型热电偶、细小铜线，如图 7-9 所示。通电激励过程如下：①利用铜线连接相邻 2 根 SMA 丝在一侧的两端；②将 4 个热电偶分别安装在 2 根 SMA 的两端；③将串联的 SMA 丝接通电源，通电过程

检查热电偶记录的温度，待 4 个热电偶记录的温度均达到 200℃后关闭电源，停止加热。

图 7-9　嵌入式 SMA 丝的通电激励

3. 粘贴 CFRP 布

试验梁包括了仅利用外贴 CFRP 加固的混凝土梁和 SMA/CFRP 复合加固的混凝土梁。对于外贴 CFRP 加固的混凝土梁，加固前对梁底混凝土表面进行打磨除去表面浮浆层，直至露出能明显观察到粗骨料的坚实部位，然后用酒精擦拭清理粘贴区域。采用的结构胶为双组分环氧树脂，按照 2∶1 的质量比将基体和固化剂拌合均匀。在混凝土梁的粘贴区均匀涂抹结构胶，再将 CFRP 布放置在涂抹的结构胶，并用刷子在 CFRP 布表面反复涂抹，同时用光滑的刮刀腻子轻轻按压挤出多余的结构胶。对于 SMA/CFRP 复合加固的混凝土梁，先将 SMA 丝固定在混凝土梁底部的凹槽，并用 PCM 填充保护，待养护完成后对 SMA 丝进行通电热激励，使试验梁内部产生预应力。在此基础上，进行 CFRP 布的外贴加固，虽然此时粘贴 CFRP 的表面变为覆盖在混凝土表面的 PCM，但 CFRP 布粘贴时的工艺和流程与上述相同。

为了避免 CFRP 布发生端部剥离破坏，保证 CFRP 加固梁发生抗弯破坏，根据《碳纤维片材加固混凝土结构技术规程》（2007 年版），对 CFRP 加固梁和 SMA/CFRP 复合加固梁进行端部加固，两端采用环形箍进行端部加固。环形箍同样采用相同的 CFRP 布以及对应的粘贴方法。

7.2.4　试验装置及加载方案

进行三点弯曲试验研究混凝土加固梁抗弯性能的提升效果，试验梁通过铰支固定于加载设备。试验在 MTS 万能试验机进行，采用位移控制模式，加载速率为 0.5 mm/min，如图 7-10 所示。加载过程中测量和记录试验梁受到的荷载、跨中位移、受压区混凝土应变、纵筋和 CFRP 布的应变。为了分析 CFRP 布对加固梁的影响，在其表面沿着中心线每隔 7 cm 布置一个应变片，每根含有 CFRP 布的试验梁共布置 5 个应变片，从左到右依次编号 S1-S5，如图 7-10 所示。试验中还应注意观察和记录裂缝的发展过程，裂缝的量化主要借助裂缝观测仪测量和拍照设备来完成。当发现施加的荷载有明显下降趋势、出现 CFRP 剥离/拉断，或者梁顶部混凝土压碎等现象时，可认为试验梁已经到达破坏状态，停止加载。

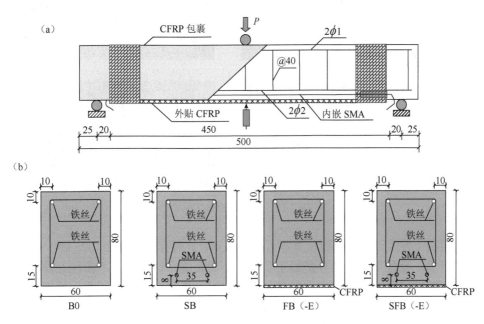

图 7-10　三点弯曲试验装置和试验梁截面细节（单位：mm）

（a）三点弯曲试验装置，（b）试验梁截面细节

7.3　加固梁抗弯试验的结果与分析

7.3.1　加固梁的受力过程及破坏现象

图 7-11 显示了各试验梁的破坏模式。以下结合弯曲试验的观察及记录，对各梁的加载破坏过程进行描述。

参照梁 B0 为未加固的混凝土梁，呈现出典型的弯曲破坏模式，即受拉钢筋屈服后受压区混凝土压溃，如图 7-11（a）所示。当荷载达到 2.94 kN 时，梁底受

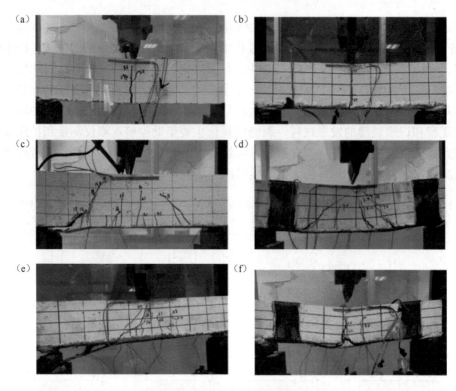

图 7-11　试验梁的破坏模式

拉区混凝土发生开裂，裂缝位置靠近跨中底部，此时荷载下降至 2.73 kN。随着荷载的增加，受拉主裂缝向外扩展了若干细小的裂缝，这些裂缝不断往上发展，其中主裂缝发展较快。当荷载上升到 4.84 kN 时，受拉钢筋出现屈服，随后受压区混凝土压碎，混凝土梁达到极限承载状态，对应的荷载为 5.96 kN，跨中挠度为 5.89 mm，最大裂缝宽度为 8 mm。

　　试验梁 SB 为仅利用 SMA 加固的混凝土梁，其破坏形式与 B0 相似，如图 7-11（b）所示。当荷载达到 3.90 kN 时，梁底受拉区混凝土在靠近跨中位置发生开裂，此时荷载下降到 3.50 kN。随着荷载的增加，梁底裂缝向上发展，但其裂缝发展速度比参照梁要慢，裂缝宽度也较小。当荷载达到 4.91 kN 时，SB1 梁底的受拉钢筋屈服；达到 6.54 kN 时，梁顶受压区混凝土压碎，对应的跨中挠度为 10.84 mm，最大裂缝宽度为 5 mm。

　　试验梁 FB 为无端锚 CFRP 加固的混凝土梁，破坏模式由 CFRP 布端部剥离破坏引起的剪切破坏，如图 7-11（c）所示。当荷载为 5.26 kN 时，跨中梁底受拉区混凝土发生开裂，随着荷载增加，梁底渐次出现若干斜裂缝，而且斜裂缝不断变宽，最长的裂缝位于碳布两端附近。当荷载达到 8.58 kN 时，梁底受拉钢筋屈服,靠近 CFRP 布一端的斜裂缝发展明显加快。当荷载达到 12.16 kN 时,端部 CFRP 布发生剥离,而且斜裂缝已经延伸至混凝土受压区边缘的附近,停止加载,对应的跨中挠度为 2.96 mm。

试验梁 FB-E 为有端锚 CFRP 加固的混凝土梁,破坏模式为跨中 CFRP 布剥离破坏,如图 7-11 (d) 所示。当荷载为 6.66 kN 时试验梁发生开裂,跨中梁底出现一条主裂缝,在加载过程中斜裂缝开始出现并朝着受压区边缘发展。当荷载达到 8.24 kN,梁底部 CFRP 布在靠近跨中的位置处出现剥离裂缝。当荷载达到 9.59 kN 时,梁底受拉钢筋屈服。当荷载上升到 11.90 kN 时,跨中底部 CFRP 布剥离裂缝延伸至右侧锚固端,此时荷载下降到 10.80 kN 后有所恢复。当荷载达到 13.75 kN 左右时,CFRP 布从梁跨中至右侧锚固端的部分完全剥离,但其左侧至锚固端的部分未出现明显的剥离现象,此时对应的跨中挠度为 5.18 mm。由于环形端锚的作用,CFRP 布出现剥离后仍能继续承受拉力,而不会引起加固梁的突然破坏。随着继续加载,梁顶受压区混凝土压碎,此时梁的跨中挠度为 17.14 mm。试验梁破坏时,发现 CFRP 布与环形箍未出现明显的滑移现象,说明环形箍的锚固效果良好。

试验梁 SFB 为无端锚 SMA/CFRP 复合加固的混凝土梁,破坏模式为 CFRP 布端部剥离破坏,如图 7-11 (e) 所示。加载至 7.24 kN 时,梁底部跨中首先开裂,然后斜裂缝不断增多且朝着梁顶方向发展,裂缝宽度也逐渐变大。当荷载为 9.31 kN 时,梁底受拉钢筋屈服,靠近 CFRP 布端部的斜裂缝宽度明显增大。当荷载上升至 13.01 kN 时,CFRP 布发生端部剥离,加载停止,此时受压区混凝土无压碎现象,对应的跨中挠度为 3.22 mm。

试验梁 SFB-E 为有端锚 SMA/CFRP 复合加固的混凝土梁,破坏模式为伴随着跨中 CFRP 剥离破坏的弯曲破坏,如图 7-11 (f) 所示。加载至 7.31 kN 时梁底跨中混凝土出现一条主裂缝,主裂缝初期开展较为缓慢,与 FB-E 相比,裂缝数量减少,而且裂缝宽度也较小。当荷载为 8.81 kN 时,梁底跨中位置 CFRP 布开始剥离,荷载增加至 10.96 kN 时,受拉钢筋屈服。当荷载达到 15.27 kN 时,跨中 CFRP 布剥离裂缝延伸至两端环形箍锚具,荷载下降到 10.45 kN 后随即继续上升。当荷载上升到 17.21 kN 左右时,CFRP 布与梁底混凝土完全脱离,但由于环形锚具的作用,CFRP 布仍处于绷紧状态,还能有效承担外力。进一步加载,试验梁受压区混凝土压碎而发生最终破坏,对应的跨中挠度为 23.53 mm。

7.3.2　试验梁力学行为及挠度分析

图 7-12 为各试验梁的弯矩-挠度曲线,以下从受力变化阶段、挠度变形和开裂现象进行分析等方面进行分析。

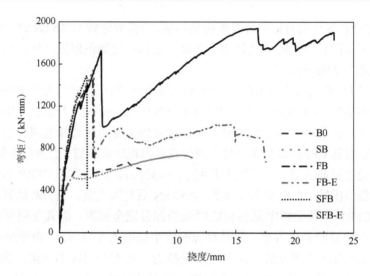

图 7-12 试验梁的弯矩-挠度曲线（后附彩图）

参照梁 B0 的弯矩-挠度曲线呈现出典型的三阶段受力特征：第一阶段为开裂前试验梁的弹性变形过程，荷载随挠度线性增加；第二阶段为开裂后到钢筋屈服前的弹塑性变形过程，由于开裂后混凝土和钢筋共同承担的拉应力转由钢筋承担，梁的抗弯刚度减小，曲线上斜率变小；第三阶段为钢筋屈服后到试件破坏的塑性变形过程，梁的变形增加明显，直至梁顶部受压区混凝土压溃，该阶段力学行为展现出较好的延性。

加固梁 SB 的变化曲线与参照梁 B0 相似，同样经历了三阶段的受力过程，但其抗弯承载力明显提高，而且混凝土裂缝的开展得到了抑制。原因是 SMA 丝产生的预应力使受拉区的混凝土提前受到了压应力的作用，在加载时存在着消压的过程，延缓了混凝土裂缝的出现时间，因此抗弯承载力得到了提高。

仅进行 CFRP 加固的混凝土梁 FB 因 CFRP 布端部剥离而提前失效，呈现出脆性破坏的特征，导致破坏时的抗弯承载力和挠度变小，因此有必要在 CFRP 布端部安装锚具较少和消除 CFRP 布端部剥离造成的不利影响。加固梁 FB-E 的变化曲线与参照梁 B0 相似，同样经历了三个变化阶段。区别在于第二阶段，加固梁开裂后拉应力由钢筋和 CFRP 布分担，第三阶段钢筋屈服后的增加荷载主要由 CFRP 布承担。进一步可以发现，加固梁在钢筋屈服前后 CFRP 布出现了两次明显的剥离现象，最后梁顶部受压区混凝土压碎，荷载骤降。

加固梁 SFB-E 的弯矩变化曲线与加固梁 FB-E 相似，但与加固梁 FB-E 相比，加固梁 SFB-E 的抗弯承载力明显提高，这说明了 SMA/CFRP 复合加固能显著提高梁的承载力和刚度，有效抑制裂缝的开展。加固梁 SFB-E 在钢筋屈服后 CFRP 布经历两次剥离后，最终 CFRP 布与混凝土完全脱开，但由于环形箍筋的锚固作用，CFRP 布仍能继续参与受力，直至梁顶部受压区混凝土压碎，荷载出现骤降。与加固梁 SFB-E 相比，加固梁 SFB 过早地发生端部剥离破坏，CFRP 布的强度未得到充分利用，试验梁延性显著降低，这证明了 CFRP 布端部环形箍的作用。

7.3.3　承载能力对比

图 7-13 和表 7-5 对比了试验梁的开裂弯矩、屈服弯矩和极限弯矩。由表可知，与参照梁 B0 相比，采用 NiTiNb-SMA 丝加固后，试验梁 SB 开裂弯矩和极限弯矩分别提高了 21%和 10%，但其屈服弯矩变化不大，这表明 SMA 预应力加固的方式能抑制主裂缝的开展，提升梁的抗弯性能。对于试验梁 FB-E，其开裂弯矩、屈服弯矩和极限弯矩比参照梁 B0 分别提高了 48%、133%、131%，说明粘贴 CFRP 布也能有效提高试验梁的承载能力。与参照梁相比，加固梁 SFB-E 的开裂弯矩、屈服弯矩和极限弯矩分别提高了 66%、116%、189%，这表明 SMA/CFRP 复合加固对梁抗弯性能的提高效果最显著。

与参照梁 B0 相比，SMA 加固梁的极限承载力提高较小，但有效地抑制了主裂缝的发展。与 SMA 预应力加固梁 SB 相比，SMA/CFRP 复合加固梁 SFB-E 在抑制裂缝开展的同时，更能有效提高钢筋混凝土梁的极限承载力；而与 CFRP 加固梁 FB-E 相比，SMA/CFRP 复合加固有效地抑制了斜裂缝的发展，在提高混凝土抗弯性能的效果更明显，这说明 SMA 产生的预应力抑制了裂缝的发展，也使得 CFRP 布的材料性能得到更有效地利用。

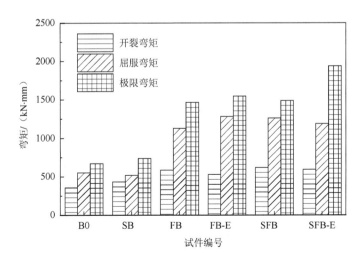

图 7-13　试验梁开裂弯矩、屈服弯矩以及极限弯矩的对比

表 7-5　各试验梁的开裂弯矩、屈服弯矩以及极限弯矩

试件编号	开裂弯矩/(kN·mm)	屈服弯矩/(kN·mm)	极限弯矩/(kN·mm)
B0	357.8	551.3	670.5
SB	434.3	518.6	736.9
FB	586.1	1128.4	1464.8
FB-E	528.8	1282.5	1546.9
SFB	618.8	1261.1	1488.4
SFB-E	594.0	1189.1	1939.5

7.3.4　延性分析

定义延性系数为试验梁屈服时与破坏时的跨中挠度之比。图 7-14 对比了试验梁的延性系数。与参考梁 B0 相比，试验梁 FB、FB-E 和 SFB 的延性系数分别下降了 47%、46% 和 58%，这是因为含 CFRP 加固混凝土梁发生 CFRP 布剥离破坏而提前失效，即便存在环形箍的锚固作用，加固梁达到峰值荷载后将大幅下降，后续 CFRP 布还能承担一定的荷载，但此时对应的跨中挠度比较小。对于 SMA 加固的混凝土梁，加固梁的延性系数是参考梁的 1.35 倍，这是由于 SMA 具备超弹性变形性能所决定的。此外，当进行 SMA/CFRP 复合加固时，加固梁 SFB-E 的延性系数是参考梁的 2.24 倍，展现出了优异的变形能力，证明了复合加固技术能够同时发挥出 SMA 和 CFRP 的材料性能，解决了 CFRP 加固梁延性不足的难题。

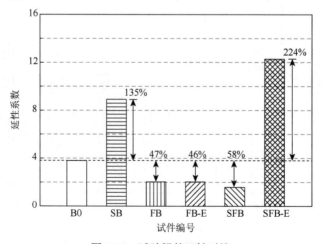

图 7-14　试验梁的延性对比

7.3.5　试件钢筋应变分析

图 7-15 为各试验梁的荷载-钢筋应变曲线。在弹性变化阶段，开裂荷载之前，荷载-钢筋应变曲线呈线性增长。混凝土开裂后在达到钢筋屈服之前，梁刚度变小，钢筋应变增长速度大于荷载增长速度。在塑性变形阶段，钢筋屈服后，曲线斜率进一步降低。结合前述各试件的屈服荷载，可知加固梁 SFB-E 的钢筋屈服应变要小于参考梁和其他两根仅有 SMA 或 CFRP 加固的梁，这是因为一方面 SMA 产生的预应力使试件形成反拱，加载前底部钢筋受压，在加载过程中先要对钢筋进行解压，另一方面 SMA 和 CFRP 对梁抗弯性能的共同贡献要高于单一加固材料。

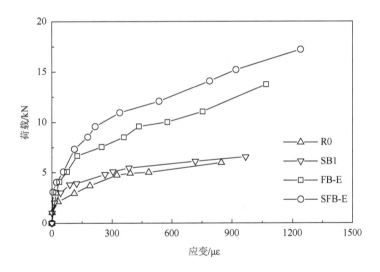

图 7-15　荷载-钢筋应变曲线

7.3.6　试件 CFRP 布应变分析

图 7-16 展示了试验梁 FB-E 和 SFB-E 中 CFRP 布在不同位置处的应变随荷载变化的曲线。在试件开裂前，FB-E 的 CFRP 布荷载-应变曲线呈线性增长，且各位置处的应变差别不大。开裂后至钢筋屈服前，跨中弯矩增加明显，导致跨中附近的 CFRP 布承受较大的应力，所有 S3 应变片的应变比其他位置都大。当荷载进一步增加，跨中底部 CFRP 布靠近裂缝的位置将出现剥离，此时跨中 CFRP 布的应变增长明显加快，剥离裂缝将经过 S3 应变片并朝着环形箍扩展。当到达极限荷

载时，梁左侧应变片的大小接近 S3 的应变，跨中以左的 CFRP/混凝土界面已全部剥离，但由于环形箍的锚固作用，CFRP 布即便与混凝土脱离后还能继续承载，故维持了较高的应变水平。对于复合加固梁 SFB-E，CFRP 布的应变曲线呈现了类似的变化特征，但到达极限荷载时，SFB-E 上大部分 CFRP 布的应变大小基本和 S3 应变相等，说明界面已经全部剥离，整片 CFRP 布都达到了较高的应力水平。

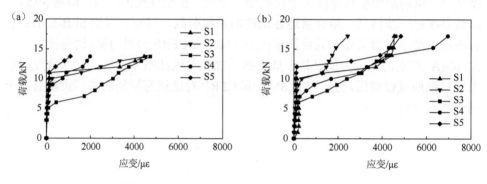

图 7-16　CFRP 布在不同位置处的荷载-应变曲线

（a）FB-E，（b）SFB-E

　　图 7-17 是不同荷载水平下试验梁 FB-E 和 SFB-E 的 CFRP 应变分布曲线。图 7-17（a）中可以看到试验梁 FB-E 在加载至 8.24 kN 以前，梁底跨中 CFRP 布应变值最大，应变从跨中向两边端锚方向逐渐减小。随着荷载增大，各测点位置的应变相应地增大。当荷载达到 11.90 kN 时，跨中底部 CFRP 布出现剥离后，荷载掉落至 10.80 kN，同时剥离裂缝往左侧端部继续开展。继续加载至 13.75 kN 时，梁跨中以左的 CFRP 布完全剥离，右侧 CFRP 布尚未出现明显剥离现象，因此图 7-17（a）中右侧的 CFRP 应变值变化不大。

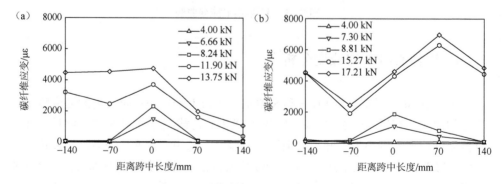

图 7-17　不同荷载下的应变分布图

（a）FB-E，（b）SFB-E

图 7-17(b)为试验梁 SFB-E 的 CFRP 布应变分布图。加载至 8.81 kN 前，SFB-E 梁各位置的 CFRP 布应变随着荷载的变化趋势与 FB-E 类似。当荷载达到 15.27 kN 时，跨中底部 CFRP 布出现剥离后，荷载掉落至 10.80 kN，剥离裂缝往左右两侧方向继续开展。当进一步加载到 17.21 kN 时，CFRP 布与混凝土完全剥离，此时大部分 CFRP 布应力处于高水平状态。

7.4　SMA/CFRP 复合加固梁极限弯矩的计算分析

由前述分析可知，加固方式虽然不同，均能有效提高混凝土梁的抗弯承载力，但加固梁的破坏模式不尽相同。当仅利用 CFRP 加固或者进行 SMA/CFRP 复合加固，加固梁将出现 CFRP 布剥离而提前失效，其破坏呈脆性性质，而且也未能充分发挥加固材料的力学性能。而当存在环形箍端锚时，CFRP 布即便出现了剥离裂缝，仍能维持较高的应力水平，不仅能限制混凝土内主裂缝的发展，提高加固梁的抗弯承载力，还使得加固梁的延性得以提升。因此，带环形箍端锚的加固梁所发生的破坏模式最为理想，是本章后续进行加固梁承载力分析的基础，但应当注意的是，对混凝土梁进行 SMA/CFRP 复合加固时，可根据实际情况采用不仅局限于环形箍的方式来延缓或避免 CFRP 的剥离破坏。

7.4.1　加固梁极限弯矩的计算公式

加固梁的极限弯矩由主导破坏模式、应变协调和内力平衡条件共同决定。对于带端锚的 SMA/CFRP 复合加固梁，达到极限承载力破坏时，受拉钢筋屈服，受压区混凝土压碎，破坏呈延性。由此可见，加固梁破坏时受拉钢筋达到屈服应变，受压混凝土达到极限抗压应变。为了方便承载力的分析与计算，在进行理论计算前，先对加固梁的受力特性做以下基本假定：

（1）加固梁土梁开裂后仍符合平截面假定；

（2）不同的结构材料之间无相对滑移；

（3）忽略受拉区混凝土对梁承载力的影响。

根据前述的破坏模式和应变状态，结合应变协调条件，对加固梁截面不同的加固材料应变进行分析。图 7-18 为加固梁的横截面分析图。

由图 7-18 可知，受压钢筋、受拉钢筋、SMA、CFRP 的应变均可用混凝土极限压应变来表达，如公式

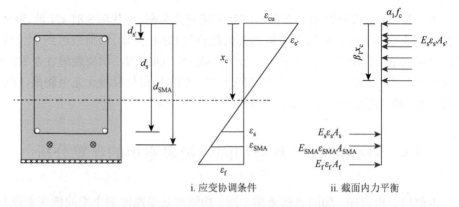

i. 应变协调条件　　　　　ii. 截面内力平衡

图 7-18　加固梁横截面受力分析简图

$$\varepsilon_{s'} = \frac{d_{s'}}{x_c}\varepsilon_{ct} \tag{7-1}$$

$$\varepsilon_s = \frac{d_s}{x_c}\varepsilon_{ct} \tag{7-2}$$

$$\varepsilon_{SMA} = \frac{d_{SMA} - x_c}{x_c}\varepsilon_{ct} \tag{7-3}$$

$$\varepsilon_f = \frac{d_f - x_c}{x_c}\varepsilon_{ct} \tag{7-4}$$

其中，ε_s、$\varepsilon_{s'}$、ε_{SMA} 和 ε_f 分别代表受压钢筋、受拉钢筋、SMA 丝和 CFRP 布的应变；ε_{ct} 代表受压区混凝土的极限压应变；x_c 表示截面受压区高度；d_s、$d_{s'}$、d_{SMA} 和 d_f 分别代表截面受压区边缘到受压钢筋合力中心、受拉钢筋合力中心、SMA 丝合力中心和 CFRP 布的距离。注意的是，ε_{SMA} 中应当考虑 SMA 前期热激励所产生的预应力。

如图 7-18 所示，计算受压区混凝土的合力时，采用等效矩形应力块的方法进行简化，即将原来在截面上非线性分布的混凝土压应力，按合力大小和方向不变的原则简化成矩形分布的应力图。确定的矩形应力图需要两个参数 α_1 和 β_1，其中 α 表示矩形图的应力大小与混凝土抗压强度之比定义，表示矩形图的受压区高度与混凝土实际受压区高度之比 β。根据 ACI 318—2014[14]，α_1 和 β_1 的计算公式如下

$$\alpha_1 = \frac{1}{\beta_1}\left[\left(\frac{\varepsilon_{ct}}{\varepsilon_{c'}}\right) - \frac{1}{3}\left(\frac{\varepsilon_{ct}}{\varepsilon_{c'}}\right)^2\right] \tag{7-5}$$

$$\beta_1 = \frac{4\varepsilon_{c'} - \varepsilon_{ct}}{6\varepsilon_{c'} - 2\varepsilon_{ct}} \tag{7-6}$$

其中，ε_{ct} 表示混凝土的极限压应变；$\varepsilon_{c'}$ 表示的是截面受压区边缘混凝土的实际压应变。

由截面的内力平衡条件可知，加固梁受压区混凝土与受压钢筋的总压力等于受拉钢筋、SMA 和 CFRP 提供的总拉力，如式（7-7）

$$\alpha_1\beta_1 f_c b x_c + A_{s'}E_s\varepsilon_{s'} = A_s E_s\varepsilon_s + A_{SMA}E_{SMA}\varepsilon_{SMA} + A_f E_f\varepsilon_f \tag{7-7}$$

将不同加固材料应变的计算公式（7-1）～（7-4）代入上式，求出加固梁截面的受压区高度。然后，将不同材料对加固梁极限弯矩的贡献求和，可以得到加固梁极限弯矩的计算公式，即

$$M_u = \alpha_1 f_c b \beta_1 x_c\left(x_c - \frac{\beta_1 x_c}{2}\right) + A_{s'}E_s\varepsilon_{s'}(x_c - d_{s'}) + A_s E_s\varepsilon_s(d_s - x_c)$$
$$+ A_{SMA}E_{SMA}\varepsilon_{SMA}(d_{SMA} - x_c) + A_f E_f\varepsilon_f(d_f - x_c) \tag{7-8}$$

7.4.2　加固梁的计算值与试验值比较

根据上述极限弯矩的计算公式，对加固梁的承载力进行计算，并与试验值进行比较，如图 7-19 所示。计算结果表明，参考梁极限弯矩计算值与试验值相差 8%，可能的原因是本章采用的梁尺寸较小，截面偏差和钢筋定位的偏差造成较大的影响。SMA 加固、CFRP 加固和 SMA/CFRP 复合加固加固梁承载力计算值与试验值之间的偏差为 15%、–6% 和 9%。其中 SMA 加固梁承载力偏差较大，除了上述原因以外，部分原因可能是试验材料性能的差异，SMA 丝预应力的施加等。另外，若除去参照梁抗弯承载力计算值与试验值的偏差以外，各加固梁承载力的计算误差更小，即可认为计算公式可以较为准确地量化 SMA 和 CFRP 对极限弯矩的贡献。因此，上述提到的极限弯矩计算公式可用于计算加固梁的抗弯承载力，但要提高计算精度还需进一步开展研究。

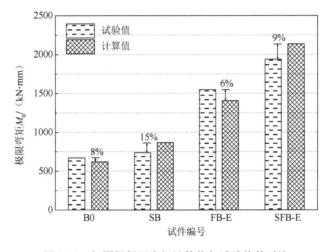

图 7-19　加固梁极限弯矩计算值与试验值的对比

7.4.3　SMA 和 CFRP 用量对加固梁极限弯矩的影响

利用 SMA 和 CFRP 混合加固梁极限弯矩的计算公式，不仅能计算加固梁的极限承载力，还能分析 SMA 和 CFRP 这两类材料的用量对加固梁承载力的影响。本节以试验梁 SFB-E 作为参照，通过调整 SMA 和 CFRP 的用量来研究加固梁极限弯矩的变化规律。当 SMA 或 CFRP 的用量变化时，加固梁的其他参数与试验梁 SFB-E 保持相同，并利用公式（7-8）计算加固梁的极限弯矩。为了便于区分混凝土梁的钢筋配筋率，将 SMA 或 CFRP 的用量定义成加固配筋率。同时，以试验梁 SFB-E 极限弯矩作为参考，对加固梁极限弯矩的计算值进行正则化处理。

图 7-20 显示了加固梁极限弯矩随加固配筋率的变化规律。随着 SMA 加固配筋率的增大，梁的极限弯矩近乎呈线性变化。当 SMA 的加固配筋从 0.13% 增加至 1.6% 时，梁的极限弯矩提升至 1.4 倍。对于 CFRP 而言，梁的极限弯矩与 CFRP 加固配筋率存在明显的非线性关系。当 CFRP 加固配筋率从 0.21% 增加至 0.63%，梁的极限弯矩提升至 1.3 倍，而随后 CFRP 对极限弯矩的提升效率有所降低。同时，发现 CFRP 对加固梁极限弯矩的提升效果要优于 SMA，这是因为 CFRP 的弹性模量和强度都大于 SMA，因此混凝土梁强度提升需求较多的话应优先增加 CFRP 的用量，但应当配置足够的 SMA 来保障加固梁的延性性能。

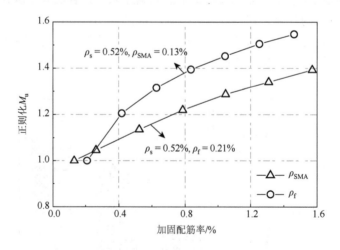

图 7-20　加固梁极限弯矩随加固配筋率的变化规律

7.5　本 章 小 结

本章提出了嵌入式 SMA 和外贴 CFRP 加固钢筋混凝土梁的复合加固方法，

该方法实际应用时首先将带锚具的 SMA 丝嵌入梁底预制或加工的凹槽，并用 PCM 材料填充包裹，然后对 SMA 丝进行通电加热激励使梁内部产生预应力，最后将 CFRP 布通过结构胶粘贴在混凝土或 PCM 处理过的表面。重点研究了 SMA 丝锚具的锚固性能、加固梁的抗弯性能和极限承载力的计算公式这三方面的内容，得出以下结论：

（1）设计和定制了 SMA 丝的单侧挤压式锚具，并进行了 PCM 内部 SMA 丝的回复力试验。试验结果发现，SMA 丝和锚具之间几乎没有相对滑移，而且测得的 SMA 拉伸强度与无锚具拉伸试验结果相近。此外，当 SMA 丝被 PCM 包裹时，即 SMA 与 PCM 存在粘结作用，SMA 丝通电激励后产生的最终回复力也达到了无粘结情况的 90%，证明了单侧挤压式锚具对 SMA 丝的锚固效果良好。

（2）采用不同的加固方式对混凝土梁进行加固，通过开展弯曲试验对比研究了加固梁的破坏模式、变形行为、裂缝开展等主要力学行为。结果表明，含 CFRP 的加固梁会发生 CFRP 端部剥离破坏而提前失效，变形能力差，而且无法充分发挥材料的力学性能；当采用 SMA/CFRP 复合加固方式并且存在 CFRP 端部环形箍时，加固梁的裂缝发展受到抑制，破坏时呈延性，而且能充分发挥 SMA 的超弹性能力和 CFRP 布的高强特性，因此加固梁的承载力和延性变形提升最为显著。

（3）本章仅对发生弯曲破坏的加固梁承载力进行分析，因此该破坏模式延性最好，是加固梁的理想破坏模式。根据混凝土梁平截面的受力分析，建立了不同方式加固混凝土梁的极限弯矩计算公式。计算结果表明，在参考梁极限弯矩计算值与试验值存在一定误差的基础上，计算公式仍能较准确地量化对 SMA 和 CFRP 加固梁承载力的提升效果。

（4）分析了 SMA 和 CFRP 用量对加固梁极限弯矩的影响规律，发现 CFRP 对梁极限弯矩的提升效果要优于 SMA，因此当混凝土强度提升需求较多时应当考虑优先增加 CFRP 的用量，但应当配置足够的 SMA 来保障加固梁的延性性能。

参 考 文 献

[1] Kara I F，Ashour A F. Flexural performance of FRP reinforced concrete beams[J]. Composite Structures，2012，94（5）：1616-1625.

[2] Balsamo A，Nardone F，Iovinella I，et al. Flexural strengthening of concrete beams with EB-FRP，SRP and SRCM：Experimental investigation[J]. Composites Part B：Engineering，2013，46：91-101.

[3] Abid S R，Al-lami K，Shukla S K. Critical review of strength and durability of concrete beams externally bonded with FRP[J]. Cogent Engineering，2018，5（1）：1-27.

[4] 中华人民共和国住房和城乡建设部. GB 50608-2020 纤维增强复合材料工程应用技术标准[S]. 北京：中国计划出版社，2020.

[5] American Concrete Institute Committee. Guide for the design and construction of externally bonded FRP systems for strengthening concrete structures[R/OL].（2008-7）[2024-6-20].https://www.concrete.org/store/productdetail.

aspx?ItemID=440208&Format=PROTECTED_PDF&Language=English&Units=US_Units.

[6]　　Burgoyne C，Byars E，Guadagnini M，et al. FRP reinforcement in RC structures[R/OL]. （2007-9）[2024-6-20]. https://www.fib-international.org/publications/fib-bulletins/frp-reinforcement-in-rc-structures-detail.html.

[7]　　Esfahani M R，Kianoush M R，Tajari A R. Flexural behaviour of reinforced concrete beams strengthened by CFRP sheets[J]. Engineering Structures，2007，29（10）：2428-2444.

[8]　　Chiew S P，Sun Q，Yu Y. Flexural strength of RC beams with GFRP laminates[J]. Journal of Composites for Construction，2007，11（5）：497-506.

[9]　　Shahawy M A，Arockiasamy M，Beitelman T，et al. Reinforced concrete rectangular beams strengthened with CFRP laminates[J]. Composites Part B：Engineering，1996，27（3-4）：225-233.

[10]　　Shahverdi M，Czaderski C，Annen P，et al. Strengthening of RC beams by iron-based shape memory alloy bars embedded in a shotcrete layer[J]. Engineering Structures，2016，117：263-273.

[11]　　Shahverdi M，Czaderski C，Motavalli M. Iron-based shape memory alloys for prestressed near-surface mounted strengthening of reinforced concrete beams[J]. Construction and Building Materials，2016，112：28-38.

[12]　　Schranz B，Michels J，Czaderski C，et al. Strengthening and prestressing of bridge decks with ribbed iron-based shape memory alloy bars[J]. Engineering Structures，2021，241：112467.

[13]　　Rojob H，El-Hacha R. Self-prestressing using iron-based shape memory alloy for flexural strengthening of reinforced concrete beams[J]. ACI Structural Journal，2017，114（2）：523-532.

[14]　　American Concrete Institute Committee. Building code requirements for structural concrete and commentary[R/OL]. （2014-10-24）[2024-6-20]. https://www.concrete.org/publications/internationalconcreteabstractsportal.aspx?m=details&ID=51688187.

第8章 工程案例

本书前述内容分别从材料层面阐述了 SMA 回复力产生机制，通过各项处理工艺使产生的回复力得到有效保障，从材料与界面层面确保 SMA 加固产生的回复力可以保持长期稳定，从构件层面确保 SMA 加固是一种行之有效的结构修复方式，上述相关研究的最终目的是将该加固工艺成功应用于工程实践。本章介绍了广东某钢拱桥的裂纹修复工程，该工程使用 SMA 板对大桥钢横梁处的疲劳裂纹进行闭合修复，简单、快捷、有效，现已取得良好效果。

8.1 工 程 介 绍

广东某钢拱桥在检查中发现 12#、15#立柱横梁与大纵梁连接处下翼缘板各存在一条 19 cm、1.5 cm 长的横向裂纹，裂纹具体状况如图 8-1 所示，两条裂纹分别

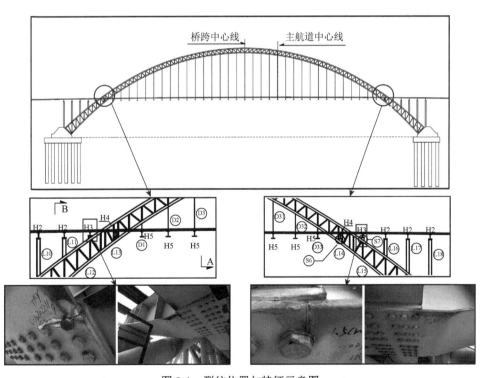

图 8-1 裂纹位置与特征示意图

出现在全桥唯二的两个变截面大纵梁处，同位置、同特征，具备一定典型性，按时间顺序分别将其命名为 1 号裂纹、2 号裂纹。疲劳开裂是钢结构桥梁的主要病害，经过观测，该位置处的裂纹为典型的疲劳开裂裂纹，承受较大的疲劳应力幅，桥上过车时，呈现典型的张开-闭合状态，也即呼吸状态，需及时进行修复。

8.2　加　固　方　案

众所周知，疲劳开裂作为钢桥运营的普遍现象，常规的修复手段主要包括止裂孔法、冲击法、钢板补强、焊接等[1-5]，但都存在操作复杂、引入新缺陷、现场修复质量难保证等问题[3, 5]，并且这些"被动"修复方法难以改变裂纹尖端应力场、闭合裂纹，修复后裂纹再度扩展的现象频发，采用预应力"主动"修复才能更为长久高效地修复裂纹。面对上述问题，项目使用形状记忆合金材料对开裂位置进行局部粘贴修复，SMA 粘贴在钢结构裂纹表面后，加热激活相变即可产生回复力（预应力），避免了传统预应力修复（如预应力 CFRP、预应力钢板等）需要张拉装置、锚具等问题[6-7]，特别适合施工作业空间和作业面小，施工速度要求快的钢桥修复工程裂纹修复工程。项目使用 SMA 修复钢桥疲劳裂纹关键技术示意如图 8-2 所示，其具体主要包含 2 部分内容：①SMA 板粘贴加固与仪器布设工作；②后续的长期监测工作。

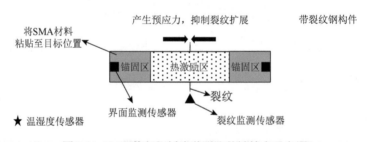

图 8-2　SMA 修复钢桥疲劳裂纹关键技术示意图

8.2.1　裂纹成因与受力分析

裂纹产生的主要有如下原因：①从桥梁的整体结构来看，以该位置为中心，一侧是吊杆受拉承载，另一侧是立柱受压承载，该位置位于承载转换处，受力复杂易产生裂纹。②根据检测报告与现场图片，该位置存在锈蚀状况，立柱横梁与左侧大纵梁连接上部有顶紧现象，在疲劳车载与自重作用下，下翼缘板会承受较大的拉应力。③下翼缘板开裂位置恰处于螺栓紧固处，该位置因为具有螺栓孔，相较于其他位置属于薄弱区，易出现裂纹。④下翼缘板开裂处于大纵梁变截面处

（全桥仅有两个变截面纵梁均出现了裂纹，具备一定说服力），变截面位置传力时有其他方向的分力产生，易因应力集中或扭转产生裂纹。⑤经现场观测，该位置在降雨时有雨水经过，因水分子的侵蚀，裂纹会加速扩展，这与第②条的锈蚀状况描述相吻合。⑥裂纹所在横梁与桥拱连接的立柱及支座高度相较其他位置较小，这就使得该位置刚度相对更大，抵抗外荷载的变形能力较差；除此之外，由于后期加固，横梁裂纹处栓接补加了新的大纵梁，同时横梁下翼缘上表面垫加了钢板，而裂纹位置恰处于补强钢板与未补强位置交界处，这便使得局部位置刚度进一步增大同时更容易产生应力集中现象。

8.2.2　加固方式

如图 8-3 所示，根据前述 SMA 修复钢桥疲劳裂纹关键技术示意（图 8-2），考虑裂纹位置的简便、快捷、高效，不损伤原结构加固方式，对 1 号裂纹（12#立柱横梁与左侧大纵梁连接处下翼缘板裂纹）进行如下加固操作：在下翼缘板边缘粘贴一块 SMA 板，命名为 A 板；间隔一个螺栓的距离，并列粘贴另一块 SMA 板，命名为 B 板；因裂纹开展至第二排螺栓旁边（19 cm），故考虑在第二排螺栓外侧位置并排粘贴第三块 SMA 板，命名为 C 板，该板粘贴至裂纹的潜在发展路径处，所提供的预应力与自身刚度可对裂纹的扩展起到预防作用。对 2 号裂纹（15#立柱横梁与左侧大纵梁连接处下翼缘板裂纹）进行如下加固操作：在下翼缘板边缘粘贴一块 SMA 板，命名为 A 板；间隔一个螺栓的距离，并列粘贴另一块 SMA 板，命名为 B 板；在正式开展粘贴加固工作前，开展有限元模拟验证加固有效性。

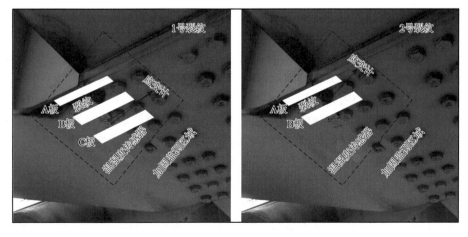

图 8-3　裂纹加固方式示意图

8.2.3　有限元分析

开展加固工作前，以最早出现的扩展最为严重的 1 号裂纹为例，开展详细的有限元分析。局部有限元建模的主要部件主要包括钢梁（腹板、上下翼缘、加劲肋）、螺栓、裂纹、SMA 板材等，模型共使用 3 种材料属性，根据相关资料确定大桥横梁为 Q345B 和 Q345D 钢材，将该型号钢材的本构关系赋予横梁腹板、上下翼缘、加劲肋，使用的钢材应力-应变关系采用双线性本构模型。同时由资料可知，横纵梁固定使用的螺栓为 M24 高强度螺栓，其屈服强度可达 940 MPa，因其屈服强度远大于 Q345 钢材，因此在模型中将该螺栓的屈服强度定为 940 MPa，在承受荷载时，钢材本身会先于高强度螺栓屈服。

对于 SMA 板，其材料属性由前期试验获得的 SMA 应力-应变关系确定，此外根据前期试验，已经确定退火后的 SMA 板平均弹性模量约为 68.31 GPa，将上述试验结果赋予模型上的 SMA 板使其获得真实的材料属性。在实际桥梁上，横梁端部下压在拱上的墩柱处，其与大纵梁的交接，通过高强螺栓相连接，因此在建立局部模型后，对模型端部，即上下翼缘与腹板截面进行竖向受力方向的平动约束与绕大纵梁方向的转动约束释放，对其余方向（平动与转动）进行约束；对于下翼缘处的垫板，进行受力方向的平动约束，进一步实现同大纵梁交接的效果；与此同时，考虑立柱横梁与左侧大纵梁连接上部的顶紧现象，对上翼缘对应的顶紧面进行受力方向的平动约束。以六面体单元形状为基础，对局部模型进行网格划分，为保证网格划分过渡区的流畅度，采用中性轴算法进行最小化网格过渡。考虑模型计算的精确度与计算效率，对局部重点区域进行网格加密。

对于 SMA 施加回复预应力，采取经典的降温法实现，即在加载前给定 SMA 材料一个接近常温的温度，而后再施加预应力时给定 SMA 材料一个较低的温度，在 SMA 材料的热膨胀系数确定后，由于降温，板材会产生一个回缩力作为预应力。上述相关工作如图 8-4 所示。

如图 8-5，取裂纹尖端位置处的四个单元，包括裂纹区域最大拉应力数值，获得其加载过程的应力变化数据，取四者的平均值，进行加固前后对比。

由图 8-6 可知，在未加固状况下，裂纹尖端在模型逐渐加载至最不利荷载时，平均拉应力自 0 发展至 251.3 MPa。在 SMA 板加固后，加载总共分为两个阶段，第一个阶段进行最不利荷载的加载，第二个阶段热激励 SMA 使其产生回复力。在第一阶段，热激励前裂纹尖端的平均拉应力为 204.5 MPa，相较于未加固模型，下降了 46.8 MPa，这是由于裂纹处受拉变形时 SMA 板自身刚度所致，传统的焊接钢板加固也能实现此效果；在第二阶段，裂纹尖端的平均应力大幅下降，最终板，粘接加固的结构胶，监测所需的裂纹尖端应变传感器、应变计与温湿度传感器以及对应的连接模块，配套设施及器具等。

（2）布设（焊接）应变计、裂纹尖端应变片与温湿度传感器，调整清零，获得裂纹位置的初始应力状态，传感器布设完毕后不再卸下，用于提供长期监测的原始应变、温湿度数据，同时可根据应变变化，检查后续的粘贴加固效果。

（3）在预拉伸前，对退火完毕的 SMA 板进行充分的喷砂处理，以提高其表面的粗糙程度，提升粘贴效果，而后对其进行预拉伸操作，供后续加固使用。

2）现场粘贴工作

（1）对下翼缘板裂纹附近位置进行充分粗糙打磨，其目的是去除表面的漆物和氧化层，同时提升钢材表面的粗糙程度，进一步保证 SMA 与钢表面的粘贴效果，打磨完毕后使用酒精对钢材与 SMA 表面进行充分的清洁处理。

（2）调整粘接胶配比，将 SMA 板有效粘贴至对应位置，在粘贴界面周围布置一些铝块，用以控制胶层厚度（2 mm 左右最佳）与平整度。

（3）粘贴好 SMA 板后，采用高强磁铁吸附在 SMA 板上，将多余的胶体和胶体内的气泡排出，为使胶层完全固化、充分粘接，胶层固化时间确定为 7 天。

（4）胶层固化完成后，对 SMA 进行热激励，为便捷施工，提升施工速度，使用热风枪对 SMA 板进行快速热激励，已有相关研究表明，热激励时胶层的瞬时温度虽然会暂时超过其转换温度，但会很快下降，对高转换温度粘接胶影响很小，即使直接热激励区域胶层粘接性受影响，其两端锚固位置也不会受损；与此同时，在热激励时，使用隔热石棉覆盖非热激励区，保证良好的隔热效果，进而保证两端温度处于正常变化范围。

（5）热激励完毕后，SMA 已经产生了回复力，该回复力可作为预应力起到抑制裂纹扩展的作用，前期布设的应变与温湿度传感器，贯穿加固前后过程，相关数据变化可在云端随时查看，后续亦可对裂纹位置实现长期监测。

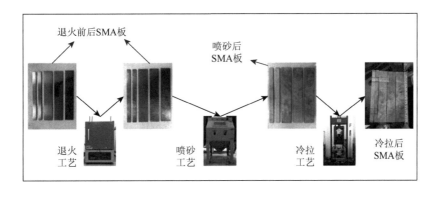

图 8-7 SMA 板的前期处理

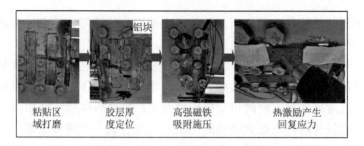

图 8-8　SMA 板现场粘贴激励工艺

3. 测点布置

对 1、2 号两处裂纹的监测共分 4 个位置分别是：裂纹尖端处，SMA 板端部锚固处，SMA 板中间热激励处，桥梁整体（温湿度监测），各传感器测点具体状况如表 8-1 所示，共 15 个。其中裂纹尖端应变片用来测量裂纹尖端位置应变，同时判断加固前后的应变变化值，衡量加固效果；SMA 板热激励/非热激励交界处的应变片用来监测该位置的界面应力状况，热激励与非热激励交界处是 SMA 粘贴界面的应力集中位置，理论上该位置处的应变相对较大；SMA 板非热激励区端部边缘位置的应变片应变相对较小，用来长期监测界面的锚固状况；SMA 板热激励区中心位置应变片主要用来判断热激励状态，反映 SMA 产生的预应力状态；在裂纹扩展路径上布设应变计，该应变计主要起到监测、备用作用，同时也能在一定程度上反映裂纹的应力变化；温湿度传感器主要对环境温度、湿度进行监测，同时为应变测量的温度补偿作参考。

表 8-1　监测测点布置

序号	名称	监测部位	监测内容	数量	总计
1	高精度应变片	裂纹尖端	应变	4 个	
2	高精度应变片	SMA 板热激励/非热激励交界处	应变	4 个	
3	高精度应变片	SMA 板非热激励区端部边缘	应变	2 个	
4	高精度应变片	SMA 板热激励区中心	应变	2 个	15 个
5	振弦式应变计	裂纹扩展路径上	应变	2 个	
6	温湿度传感器	裂纹粘贴加固区域位置	环境温湿度	1 个	

4. 仪器参数与布置细节

1) 高精度应变片

监测使用的应变片为耐高温、高湿的高精度应变片，其细节参数如图 8-9 所示，该款应变片可在-80～150℃温度范围内正常工作，并具备良好的耐久性，可以满足该项目的正常使用需求。

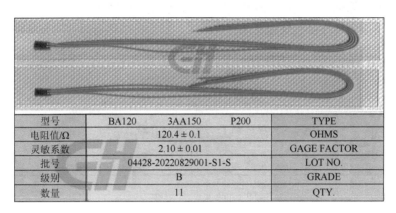

型号	BA120	3AA150	P200	TYPE
电阻值/Ω		120.4 ± 0.1		OHMS
灵敏系数		2.10 ± 0.01		GAGE FACTOR
批号		04428-20220829001-S1-S		LOT NO.
级别		B		GRADE
数量		11		QTY.

图 8-9　监测使用的耐高温应变片

参考前述的加固流程，在进行粘贴加固前，将裂纹附近位置打磨洁净，并用高度酒精擦拭，待干燥后使用同厂家生产的 B-711 型号耐高温胶粘剂进行粘贴，短时间凝固后，使用透明 705 保护硅胶进行覆盖保护，现场粘贴状况如图 8-10 所示。

图 8-10　应变片现场粘贴

2）振弦式应变计

使用的振弦式应变计（图 8-11）结构简单，工作可靠，输出信号为标准的频率信号，方便计算机处理或代手段的电路调理，应变计参数如表 8-2 所示。在布设应变计时先将应变计连接至健康监测物联模块，然后将传感器两端的安装块焊接至桥梁表面，而后打开物联模块激发开关并焊接固定。现场焊接布设如图 8-12 所示。

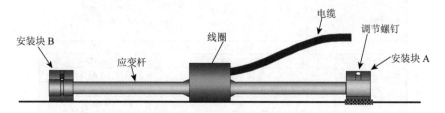

图 8-11　振弦式应变计

表 8-2　振弦式应变计参数

序号	名称	参数
1	量程	3000 με
2	精度	0.01FS
3	使用环境温度	−20～85℃
4	供电电源	5V DC

图 8-12　振弦式应变计现场布设

3）温湿度传感器

采用物联温湿度传感器对环境温度、温湿度进行监测，现场布设过程同应变计、应变片的布设流程一致。温湿度传感器的现场布设如图 8-13 所示。

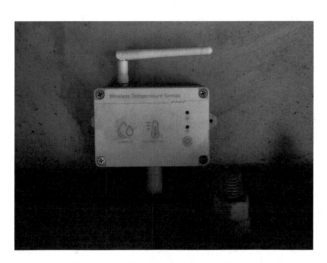

图 8-13　环境温湿度传感器现场布设

4）物联模块与网关

物联网模块是整套物联监测系统能够运转的核心枢纽，物联网设备包含振弦物联模块、串口物联模块、物联网网关三个核心组件，其中物联模块负责传感器数据的采集和数据发送，物联网网关负责数据的汇集和云端的数据同步。针对应变片如何同物联模块相关联的问题，对该应变片的阻值特性与通信协议对传感器监测模块进行了针对性的改装（图 8-14），使其能够做到读取应变片的数据并做到实时传送，其应变读取数值也做了精确校准，最终的采集精度可以达到同高精度应变仪同级别，图 8-15 为精确应变区间下，改装模块同专业应变数据采集仪之间的误差对照，可以看出二者的数值与变化趋势均十分相近，应变数据有了正确保障。图 8-16 为物联模块的现场

图 8-14　无线物联模块连接应变片改装

连接安装状况。物联模块具备防水、防潮性能，可在现场条件下正常工作。

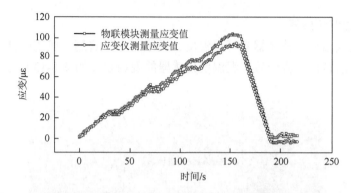

图 8-15　改装物联模块与标准应变仪之间测量数据对比

图 8-16　改装物联模块现场布设

8.3　结果与分析

8.3.1　现场测试

粘贴加固前，对随机车载下裂纹尖端的应变进行了测试，如图 8-17 所示，取测量周期内的最大波峰值（最大正应变值）与最小波谷值（最小负应变），二者作差获得测量周期内的最大应变全幅，1 号裂纹尖端应变全幅为 628 με，2 号裂纹尖端应变全幅为 830 με，与之对应的应力全幅分别约为 129 MPa、169 MPa。

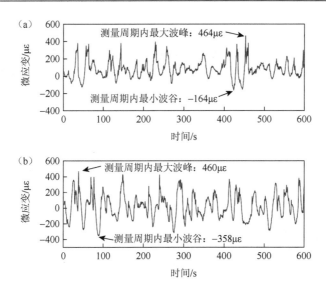

图 8-17 粘贴加固前裂纹尖端应变变化测试

（a）1 号裂纹，（b）2 号裂纹

图 8-18 为裂纹的现场粘贴与效果测试状况，测试统计了贴板前、贴板后、热激励后裂纹尖端的应变。

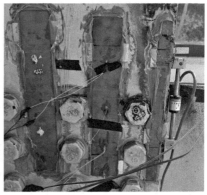

图 8-18 大桥裂纹修复工程现场

图 8-19 展示了不同加固阶段裂纹尖端应变变化的现场测试结果，由图分析：1 号裂纹尖端在随机车载下，贴板前、后、热激励后 3 个阶段的最大应变全幅分别为 628 με、290 με、274 με，最大应变值分别为 464 με、112 με、29 με，热激励后的最大应变全幅较未加固前下降 56%，热激励后的最大应变值较未加固前下降 94%。2 号裂纹尖端的最大应变全幅分别为 818 με、516 με、390 με，最大应变值

分别为 460 με、326 με、120 με，热激励后的最大应变全幅较未加固前下降 44%，热激励后的最大应变值较未加固前下降 74%；由此可知裂纹尖端的应力幅在 SMA 粘贴后明显下降，在热激励后裂纹尖端的应力值进一步下降，表明粘贴加固产生了良好的效果。

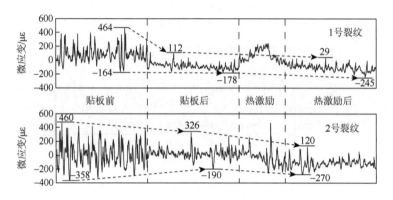

图 8-19　不同阶段裂纹尖端应变变化状况

8.3.2　长期监测

大桥的裂纹监测系统现已构建完毕，可基于在桥梁现场安装的传感器、通信设备、物联网设备等实时关注的裂纹的状态改变；同时对数据进行综合分析和处理、评估等，及时掌握裂纹处的受力状态。该软件数据应用平台为监测项目数据处理平台，平台功能包括监测项目管理、用户管理、监测数据接收处理、监测数据分析处理、监测数据展示，用户既可以在电脑端打开网页进行数据查看跟踪，也可以通过移动端应用查看。图 8-20 和图 8-21 分别为大桥的裂纹监测系统的主界面与系统功能展示。

图 8-20　大桥的裂纹监测系统电脑端主界面

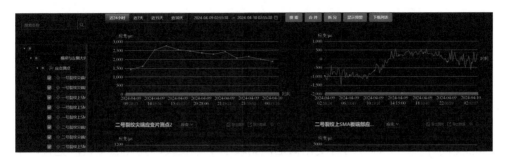

图 8-21 大桥的裂纹监测系统功能展示

以工程完工后一个月时间段为周期,展示大桥的裂纹监测系统一个月时间里的各项监测参数变化状况,其中应变数值主要以应变幅为参数作为统计计算,因为仪器在安装时存在初始状态值,无法精确保证每个测点位置的初始状态值完全一致,因此统计绝对应变值不具备说服力,而对比同时间段内的应变幅值则不需要考虑传感器的初始粘贴状态,更能充分体现随机车载作用下裂纹尖端的受力状态,由于车载属于随机疲劳荷载,不同时刻对应的精确受力状态可能有所不同,但其应变幅的最高上下限值在一定范围内仍可反映裂纹的真实受力状况。

1. 裂纹尖端应变

1)1 号裂纹尖端应变

图 8-22 展示了周期时间内 1 号裂纹尖端的应变变化,由图可知,1 号裂纹尖端应变在一个月时间内变化稳定,应变数值以 0 为中心上下变化,拉应变数值更大,压应变数值较小,也即监测到的应变绝大多数为拉应变;从应变幅上来看,

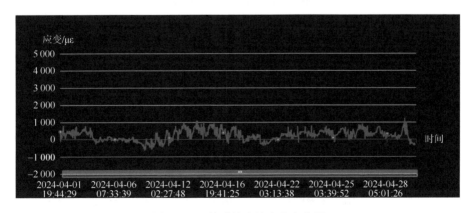

图 8-22 1 号裂纹尖端应变变化图

监测初期平均应变幅约为 800 με，监测后期平均应变幅约为 850 με，从全程来看应变幅在监测初期变化较为平稳，中期波动逐渐增大，后期一段时间内波动再次减小，整体的应变幅值十分平稳，未出现应变幅突然增大状况，处于安全范围之内。

2）2 号裂纹尖端应变

图 8-23 展示了周期时间内 2 号裂纹尖端的应变变化，由图可知，2 号裂纹尖端应变同样在一个月时间内变化稳定，相较于 1 号裂纹，其拉应变数值更大，压应变数值较小且仅在监测开始初期出现；从应变幅上来看，相较于 1 号裂纹尖端应变幅，2 号裂纹尖端应变幅更大，其监测初期平均应变幅约为 1000 με，监测中期平均应变幅约为 1150 με，监测后期平均应变幅约为 950 με，全程的应变幅在监测中期虽然波动变大，但整体相对平稳，表明裂纹尖端受力状态正常，未出现进一步扩展。

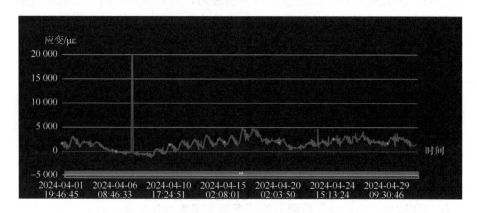

图 8-23　2 号裂纹尖端应变变化图

2. SMA 板上应变

1）热激励与非热激励交界处应变

图 8-24 展示了周期时间内 1、2 号裂纹 SMA 加固板热激励与非热激励交界处应变变化状况，由图 8-24（a）可知 1 号裂纹 SMA 板热激励与非热激励交界处的应变值与应变幅均较大，其中最大拉应变值约为 2500 με，最大应变幅约为 2000 με，表明该位置处的 SMA 板承受较大的拉应力。由图 8-24（b）可知 2 号裂纹 SMA 板热激励与非热激励交界处的应变值与应变幅均较大，其中最大拉应变值约为 5000 με，最大应变幅同样约为 2000 με。两位置处的应变幅大小接近，变化平稳，随着时间的不断推移，应变幅略有降低，但降低幅度不大，目前该位置

仍有接近 1900 με，这表明该位置预应力损失较小，SMA 板能时刻保持高应力状态工作，抵消一部分裂纹尖端承受的拉应力。

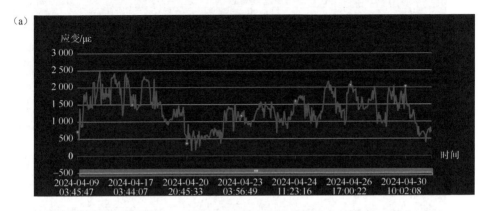

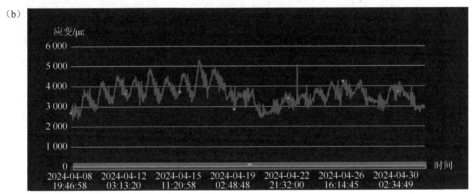

图 8-24　热激励与非热激励交界处应变变化监测图

（a）1 号裂纹，（b）2 号裂纹

2）非热激励区端部边缘应变

图 8-25 展示了周期时间内 1、2 号裂纹 SMA 加固板非热激励区端部边缘应变变化状况，由图 8-25（a）可知 1 号裂纹 SMA 板非热激励区端部边缘的应变值与应变幅均较小，其中最大拉应变值约为 580 με，最大应变幅约为 500 με，表明该位置处的 SMA 板承受较小的拉应力，锚固效果良好。由图 8-25（b）可知 2 号裂纹处 SMA 板非热激励区端部边缘的应变值与应变幅同样较小，其中最大拉应变值约为 800 με，最大应变幅约为 600 με，表明该位置处的 SMA 板承同样受较小拉应力。从应变的整体变化趋势来看，随着时间的推移，在监测初期，该位置应变幅有逐渐增加的趋势，但增加幅度较小，之后应变幅逐渐趋于平稳。

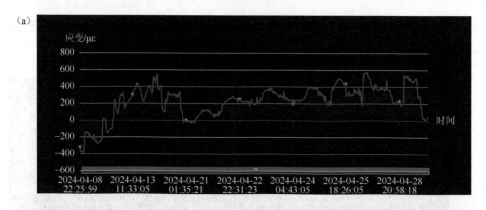

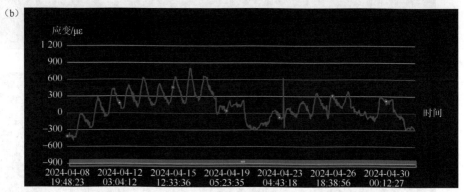

图 8-25　非热激励区端部边缘应变处应变变化监测图

(a) 1 号裂纹, (b) 2 号裂纹

3）SMA 板热激励区中心应变

图 8-26 展示了周期时间内 1、2 号裂纹 SMA 板热激励区中心应变变化状况，由图 8-26（a）可知 1 号裂纹 SMA 板热激励区中心应变相较于端部位置应变值与应变幅均更大，其中最大拉应变值约为 3000 με，最大应变幅约为 1500 με，由图 8-26（b）可知 2 号裂纹 SMA 板热激励区中心应变相较于端部位置应变值与应变幅均更大，其中最大拉应变值约为 2000 με，最大应变幅约为 1100 με，且两裂纹处该位置应变幅当下保持效果良好，变化相对稳定，基本未出现应变幅下降状况。

该位置的高应力承担了一部分裂纹本该承担的应力值，直接降低了裂纹尖端的应变幅，改善了裂纹尖端的受力状态，从而达到抑制裂纹扩展的效果。SMA 板热激励区中心属于回复力集中区域，该位置将长期保持高应力状态，以当下应变数值计算判断，两裂纹热激励处（板材中间）拉应力幅分别约为 300 MPa、220 MPa。

（a）

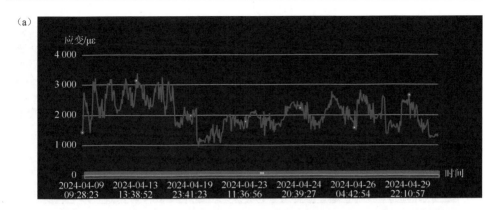

（b）

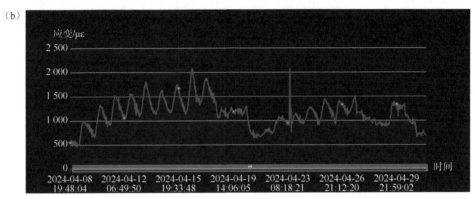

图 8-26 SMA 板热激励区中心应变变化监测图

（a）1 号裂纹，（b）2 号裂纹

3. 应变计应变

图 8-27 展示了周期时间内 1、2 号裂纹位置布设的应变计获得的应变变化规律，由图可知，相较于裂纹尖端，两位置处的应变计应变值与应变幅相较于应变

（a）

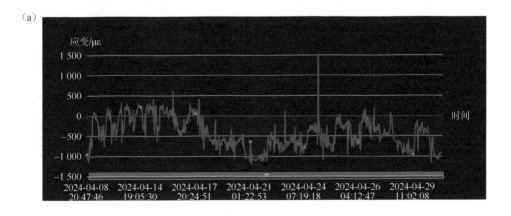

(b)

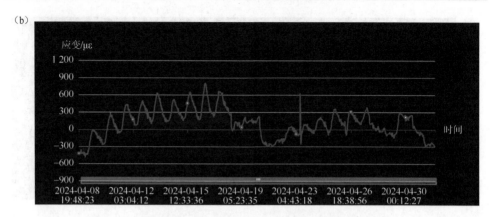

图 8-27　裂纹位置应变计应变变化监测图

(a) 1 号裂纹，(b) 2 号裂纹

片获得的数据更小，其中 1 号裂纹位置布设的应变计获得的应变最大值约为 500 $\mu\varepsilon$，最大应变幅约为 1000 $\mu\varepsilon$，2 号裂纹位置布设的应变计获得的应变最大值约为 900 $\mu\varepsilon$，最大应变幅约为 650 $\mu\varepsilon$，二者的应变幅变化趋势较为稳定，监测后期未出现明显的增长与下降。

4. 温湿度变化

1）裂纹处温度变化

图 8-28 展示了周期时间内裂纹位置的温度变化状况，由图可知：裂纹位置白天温度较高，夜晚温度较低，最高温度为 32.7℃，最低温度为 19.7℃，昼夜温差最高达 8℃，绝对最高温差达 13℃；监测时间段内，广州境内面临雨季，经常性的降雨也导致了温度变化幅度相对较大。为消除温度对应变测量的影响，在加固

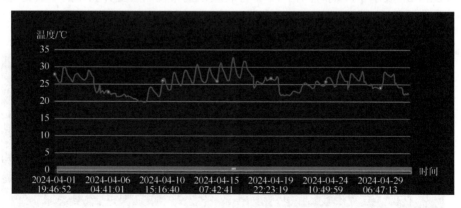

图 8-28　监测周期内裂纹位置温度变化监测图

工作开展时，在裂纹位置布置了温度补偿模块设施，具体如图 8-29 所示，通过获得同温度状况下非受力同款钢材的应变，来消除因钢材热膨胀特性带来的影响。

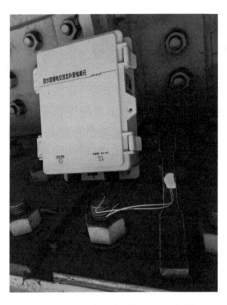

图 8-29　温度补偿模块现场布设

2）裂纹处湿度变化

图 8-30 展示了周期时间内裂纹位置的湿度变化状况，由图可知：裂纹位置白天湿度较低，夜晚湿度较高，其中相对湿度最高为 97%，最低相对湿度为 47%，昼夜最大相对湿度差为 39%，监测周期内最高相对湿度差达 52%；大桥裂纹位置湿度变化较大，湿度相对较高，此种情况下要注意裂纹位置的锈蚀状况。

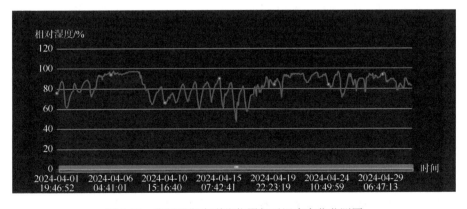

图 8-30　监测周期内裂纹位置相对湿度变化监测图

8.4　本　章　小　结

本章介绍了基于 SMA 加固的实际工程应用，现场测试结果表明：①裂纹尖端的应力幅在 SMA 粘贴后，产生明显下降，在热激励后尖端的应力值进一步下降，这表明粘贴加固产生了良好的效果。②长期监测结果表明裂纹尖端应变的应变幅在监测初期变化较为平稳，中期虽出现一定波动，但后期一段时间内波动逐渐平稳，整体的应变幅值十分平稳，未出现应变幅突然增大状况，处于安全范围之内。③加固使用的 SMA 板热激励位置与热激励与非热激励交界处应变幅较大，表明该位置具备较高的预应力；两裂纹位置处的应变幅大小接近，变化平稳，随着时间的不断推移，应变幅略有降低，但降低幅度不大，这表明该位置预应力损失较小，SMA 板能时刻保持高应力状态工作，抵消一部分裂纹尖端承受的拉应变。④加固使用的 SMA 板端部位置，应变幅较小，变化稳定，这表明端部锚固效果稳定，SMA 预应力未能大量传递至端部位置，胶层承载合理，工作状态良好。本章的相关工作可为类似加固工程提供参考与借鉴。

参 考 文 献

[1] Hassan M M，Shafiq M A，Mourad S A. Experimental study on cracked steel plates with different damage levels strengthened by CFRP laminates[J]. International Journal of Fatigue，2021，142：105914.

[2] Puymbroeck E V，Staen G V，Iqbal N，et al. Residual weld stresses in stiffener-to-deck plate weld of an orthotropic steel deck[J]. Journal of Constructional Steel Research，2019，159：534-547.

[3] Yao Y，Ji B H，Fu Z Q，et al. Optimization of stop-hole parameters for cracks at diaphragm-to-rib weld in steel bridges[J]. Journal of Constructional Steel Research，2019，162：105747.

[4] Choi J H，Kim D H. Stress characteristics and fatigue crack behaviour of the longitudinal rib-to-cross beam joints in an orthotropic steel deck[J]. Advances in Structural Engineering，2008，11（2）：189-198.

[5] Li J，Zhang Q H，Bao Y，et al. An equivalent structural stress-based fatigue evaluation framework for rib-to-deck welded joints in orthotropic steel deck[J]. Engineering Structures，2019，196：109304.

[6] El-Tahan M，Dawood M，Song G. Development of a self-stressing NiTiNb shape memory alloy（SMA）/fiber reinforced polymer（FRP）patch[J]. Smart Materials and Structures，2015，24：065035.

[7] Zheng B，Dawood M. Fatigue strengthening of metallic structures with a thermally activated shape memory alloy fiber-reinforced polymer patch[J]. Journal of Composites for Construction，2017，21（4）：04016113.

[8] Deng J，Fei Z Y，Li J H，et al. Fatigue behaviour of notched steel beams strengthened by a self-prestressing SMA/CFRP composite[J]. Engineering Structures，2023，274：115077.

[9] Deng J，Fei Z Y，Wu Z G，et al. Integrating SMA and CFRP for fatigue strengthening of edge-cracked steel plates[J]. Journal of Constructional Steel Research，2023，206：107931.

[10] Deng J，Fei Z Y，Li J H，et al. Flexural capacity enhancing of notched steel beams by combining shape memory alloy wires and carbon fiber-reinforced polymer sheets[J]. Advances in Structural Engineering，2023，26（8）：1525-1537.

彩 图

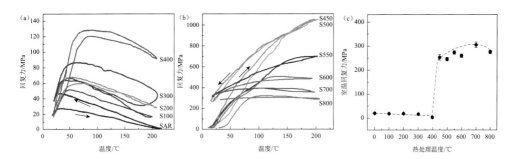

图 2-10 不同热处理温度下 10%预应变的 NiTi-SMA 丝样品回复力

（a）样品 SAR、S100、S200、S300 和 S400 的回复力-温度曲线，（b）样品 S450、S500、S550、S600、S700 和 S800 的回复力-温度曲线，（c）室温回复力与热处理温度之间的关系

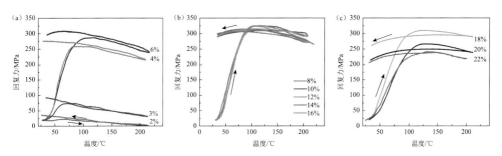

图 2-13 不同预应变试样的回复力-温度曲线

（a）2%~6%，（b）8%~16%，（c）18%~22%

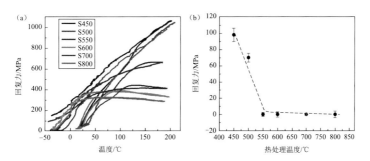

图 2-16 回复力的低温测试

（a）回复力-温度曲线，（b）在-40℃的回复力与热处理温度的关系

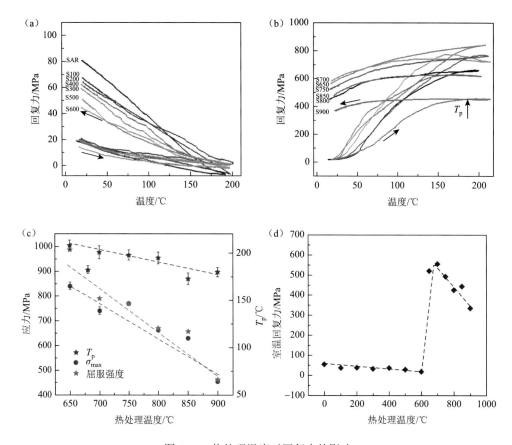

图 2-21 热处理温度对回复力的影响

(a) 样品 SAR、S100、S200、S300、S400、S500 和 S600 的回复力-温度曲线，(b) 样品 S650、S700、S750、S800、S850 和 S900 的回复力-温度曲线，(c) 不同热处理温度下的 σ_{max}、T_p 和屈服强度，(d) 室温回复力 σ_{rm} 和热处理温度之间的关系

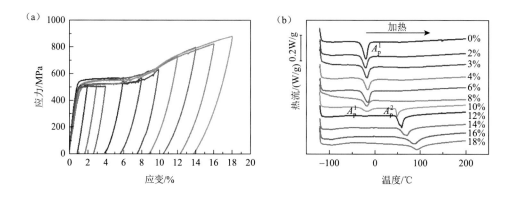

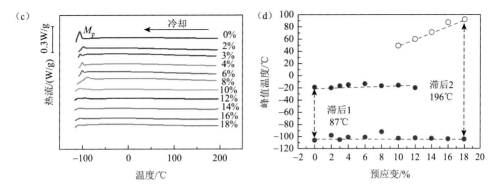

图 2-22 预应变对 S800 力学性能和马氏体相变行为的影响

（a）不同预应变时的加载-卸载应力-应变曲线，（b）加热 DSC 曲线，（c）冷却 DSC 曲线，（d）预应变对相变峰值温度的影响

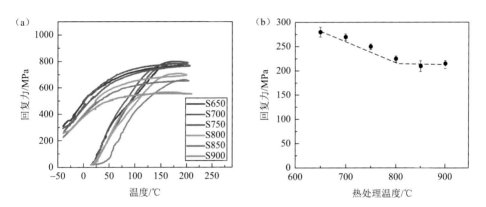

图 2-25 回复力的低温测试

（a）回复力-温度曲线，（b）–40℃的回复力与热处理温度的关系

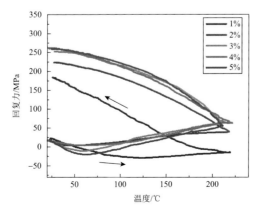

图 2-31 不同预应变试样的回复力

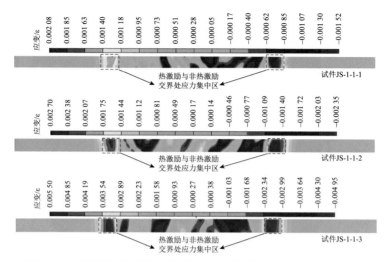

图 3-24 热激励后恢复至室温时 JS-1-1 组试件 SMA 表面应变分布

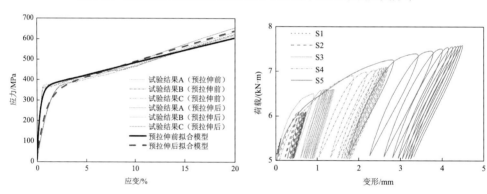

图 3-32 预拉伸前后 SMA 的应力-应变模型

图 3-38 疲劳加载初期各试件荷载-变形关系

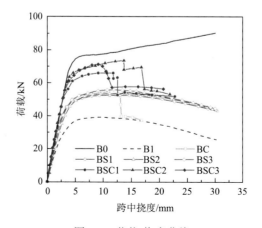

图 5-6 荷载-挠度曲线

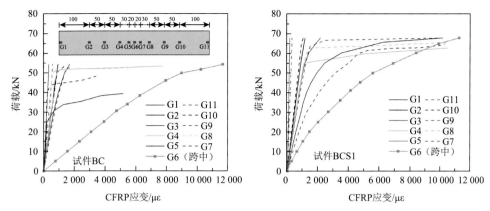

图 5-11　各试件的 CFRP 布应变发展规律

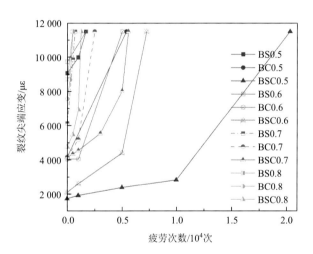

图 5-17　裂纹尖端应变发展曲线

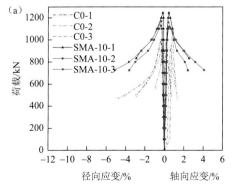

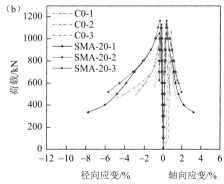

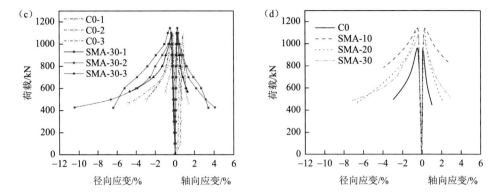

图 6-22　试验过程中试件荷载-应变曲线

(a) SMA-10（10 mm 间距加固）组，(b) SMA-20（20 mm 间距加固）组，(c) SMA-30（30 mm 间距加固）组，
(d) 各组均值

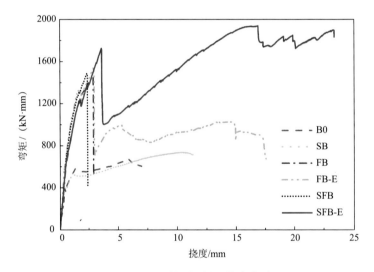

图 7-12　试验梁的弯矩-挠度曲线